# DR. BOUALAMALLAH DJAMAL

## Conceção e otimização de um aquecedor solar de água

# DR. BOUALAMALLAH DJAMAL

# Conceção e otimização de um aquecedor solar de água

## Investigação e otimização

**Imprint**

Any brand names and product names mentioned in this book are subject to trademark, brand or patent protection and are trademarks or registered trademarks of their respective holders. The use of brand names, product names, common names, trade names, product descriptions etc. even without a particular marking in this work is in no way to be construed to mean that such names may be regarded as unrestricted in respect of trademark and brand protection legislation and could thus be used by anyone.

Cover image: www.ingimage.com

This book is a translation from the original published under ISBN 978-620-6-70467-6.

Publisher:
Sciencia Scripts
is a trademark of
Dodo Books Indian Ocean Ltd. and OmniScriptum S.R.L publishing group

120 High Road, East Finchley, London, N2 9ED, United Kingdom
Str. Armeneasca 28/1, office 1, Chisinau MD-2012, Republic of Moldova, Europe
Printed at: see last page
ISBN: 978-620-8-07021-2

# Conteúdo

## Agradecimentos

*Em primeiro lugar, graças ao grande DEUS que me deu a vontade e a coragem de concluir este trabalho, e através deste modesto trabalho, gostaria de expressar a minha respeitosa gratidão aos meus dois promotores "DR. A. Merdji e DR. DELLA NOUREDDINE", pelo seu encorajamento e conselhos preciosos, e por todo o conforto e facilidade que nos deram durante o estudo e a realização deste projeto. Os nossos mais sinceros agradecimentos vão também para os membros do júri por terem aceite examinar e avaliar o nosso trabalho. Os meus agradecimentos e estima vão para todos os professores e docentes do departamento de engenharia mecânica. Sem esquecer, naturalmente, de agradecer profundamente a todos aqueles que contribuíram de alguma forma para a realização deste trabalho.*

**BOUALAMALLAH DJAMAL**

# Introdução geral

A utilização da energia solar térmica está a recuperar, graças ao seu enorme impacto na redução das emissões de CO2 e às instalações de elevado desempenho. Para as instalações colectivas, a implementação de uma garantia de desempenho solar é uma obrigação. Para aproveitar ou armazenar esta energia solar, é necessário convertê-la noutra forma de energia, razão pela qual são utilizados colectores solares.

A energia tem dominado a cena económica e política mundial nos últimos quarenta anos. Nunca uma questão levantou tantos desafios e gerou tanta polémica. O recurso forçado ao domínio de fontes de energia como as jazidas de petróleo e de gás está na origem de vários conflitos regionais. A crise energética de 1973, desencadeada pela guerra de outubro, funcionou como um detonador, sacudindo o mundo da sua letargia e levando-o a pensar em alternativas aos recursos convencionais existentes, que, apesar da sua preponderância, não são inesgotáveis. A maior parte destes recursos são hidrocarbonetos e correm o risco de se esgotarem num futuro muito próximo se não forem utilizados de forma racional.

A energia solar é uma das novas formas de energia mais facilmente exploráveis e, nos últimos anos, registou um boom em termos da diversidade das suas aplicações e do interesse que despertou em todo o mundo. No entanto, o elevado custo da energia solar em comparação com as fontes de energia convencionais constitui uma desvantagem para a tão esperada expansão da utilização da energia solar.

A otimização dos sistemas de energia solar é uma das soluções recomendadas para ajudar a inverter a tendência atual e a generalizar as aplicações da energia solar em todo o mundo.

A aplicação mais simples e imediata da energia solar é a produção de água quente para uso doméstico. É também uma das mais antigas, uma vez que vários sistemas de aquecimento solar de água foram concebidos em todo o mundo desde o início do século XX até aos dias de hoje, cada um mais eficiente do que o anterior.

Um sistema de aquecimento solar é geralmente composto por três partes: recolha, armazenamento e distribuição. A recolha é a parte principal da conversão solar. É constituída pelo coletor solar. É o coletor que converte a energia do sol em calor, que transmite ao fluido de transferência de calor contido no seu absorvedor. Dado o papel muito importante desempenhado pelo coletor ou coletor solar no processo de conversão da energia solar em energia térmica, vários estudos têm incidido sobre o coletor solar de placa plana, com o objetivo principal de melhorar a sua eficiência, que é o fator de desempenho mais significativo. A eficiência do coletor solar de placa plana varia em função da geometria do coletor, dos seus parâmetros internos e dos parâmetros externos, como a insolação, a temperatura ambiente, etc.

O objetivo do nosso trabalho é comparar dois tipos de colectores a fim de otimizar os colectores de placa plana envidraçada e os colectores de tubo de vácuo, e encontrar o ângulo ótimo durante o ano para um bom funcionamento.

Para tal, estabelece-se um sistema de equações que rege o comportamento térmico do coletor solar de placas planas em regime transiente. Os resultados obtidos são representados graficamente, comentados e interpretados, e no final é apresentada uma conclusão geral e vantagens. Quatro capítulos, uma introdução e uma conclusão geral constituem a espinha dorsal deste trabalho. No primeiro capítulo, apresentamos as noções astronómicas necessárias para qualquer estudo do sistema solar. No segundo capítulo, é feita uma introdução geral aos aquecedores solares de água e aos seus princípios de funcionamento, seguida de um estudo teórico do coletor solar de placa plana, dos seus diferentes componentes, das suas classificações, dos diferentes parâmetros que influenciam a sua eficiência, do seu modo de funcionamento e das equações que regem o seu comportamento em condições transientes. Este é o tema do terceiro capítulo, seguido de uma simulação utilizando o software TRNSYS, que me permite simular um aquecedor solar de água de acordo com o clima da estação de Adrar e interpretar os resultados.

# CAPÍTULO 1

# O DEPOSITO

# SOLAR

**Introdução** :

A energia provém da natureza sob duas formas:

• As fontes de energia convencionais ou não renováveis são os combustíveis fósseis, sendo os mais conhecidos o petróleo, o carvão, o gás e o urânio.

• Energias renováveis ou não convencionais, das quais as mais importantes são: solar, eólica, geotérmica e biomassa.

Têm origem em fontes de energia inesgotáveis graças a ciclos naturais como a radiação solar, o vento, o fluxo de calor interno da Terra e o ciclo do carbono na biosfera.

A energia solar é a mais dominante de todas as energias renováveis e uma das mais fáceis de aproveitar. Tal como a maioria das energias brandas, permite aos utilizadores satisfazer uma parte das suas necessidades sem qualquer intermediário.

Para estudar a energia interceptada, é necessário conhecer a posição do Sol no céu a qualquer momento e em qualquer lugar. As horas do nascer e do pôr do sol e a trajetória do Sol no céu ao longo de um dia podem ser utilizadas para avaliar certas variáveis, como a duração máxima da insolação e a irradiação global.

Nesta secção, definiremos alguns parâmetros solares, nomeadamente :

- Quantidades astronómicas.
- Quantidades geográficas.
- Radiação solar fora da atmosfera.
- Radiação direta, difusa e global.

## 1.1 O sol

O sol é a principal fonte de todas as formas de energia na Terra. Isto aplica-se tanto aos combustíveis fósseis convencionais, como os hidrocarbonetos que resultam da fotossíntese, como às energias renováveis não convencionais, como a energia solar, a energia eólica, a biomassa e a energia geotérmica.

O Sol é gasoso, esférico e tem $14 \times 10^5$ km de diâmetro, com uma massa de cerca de $2 \times 10^{30}$ kg. É constituído principalmente por 80% de hidrogénio e 19% de hélio, sendo o 1% restante uma mistura de mais de 100 elementos [1], [2].

Está localizado a uma distância de cerca de 150 milhões de km da Terra. A sua luminosidade total, ou seja, a potência que emite sob a forma de fotões, é aproximadamente igual a $4 \times 10^{26}$ w. Apenas uma parte é interceptada pela Terra, cerca de $1,7 \times 10^{17}$ w. Chega até nós principalmente sob a forma de ondas electromagnéticas; 30% desta energia é reflectida no espaço, 47% é absorvida e 23% é utilizada como fonte de energia para o ciclo de evaporação-precipitação na atmosfera [1], [2].

As principais caraterísticas do sol são apresentadas no quadro seguinte [3] :

**Quadro I.1: Principais caraterísticas do sol [3].**

| | |
|---|---|
| Diâmetro (km) | 14x105 |
| Peso (kg) | 2x1030 |
| $^2$Superfície (km ) | 6.09x1012 |
| Volume (km3) | 18 1.41x10 |
| Densidade média (kg/m3) | 1408 |
| Velocidade (km/s) | 217 |
| Distância do centro da Via Láctea (km) | 47<br>2.5x10 |

O sol não é uma esfera homogénea, podendo distinguir-se três regiões principais (fig.1.1) [1], [2], [3] :

**a/** O interior, que contém 40% da massa do Sol, é onde a energia é criada por reação termonuclear. Esta região estende-se por uma espessura de 25x104 km. Esta camada divide-se em três zonas: o núcleo, a zona radiativa e a zona convectiva. A radiação emitida nesta zona é totalmente absorvida pelas camadas superiores. A temperatura atinge vários milhões de graus e a pressão um bilião de atmosferas.

**b/** A fotosfera é uma camada opaca muito fina, com cerca de 300 km de espessura, que é responsável por quase toda a radiação que chega até nós, a parte visível do Sol. A ordem de grandeza da temperatura é de apenas alguns milhões de graus, diminuindo muito rapidamente com a espessura da camada até atingir a chamada temperatura de superfície de cerca de 4500 .

**c/** A cromosfera e a coroa solar são regiões de baixa densidade onde a matéria é muito diluída. Esta camada é caracterizada por uma radiação emitida muito baixa, embora a temperatura seja muito elevada (um milhão de graus),

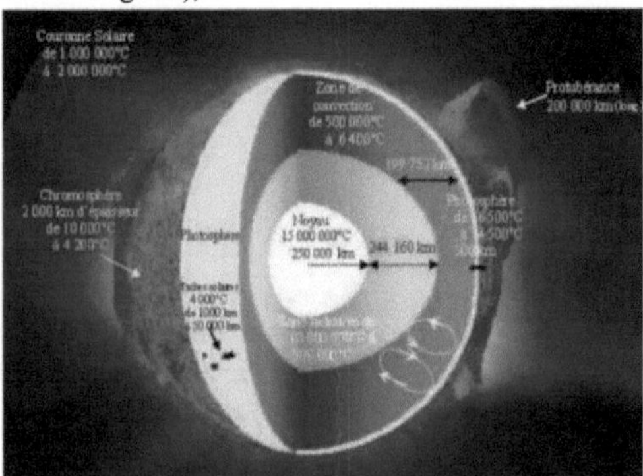

**Figura I.1 Estrutura do sol**

## 1.2  O movimento da terra

No seu movimento em torno do Sol, a Terra descreve uma elipse que tem como um dos seus focos o Sol, cuja revolução completa ocorre num período de 365,25 dias. O plano desta elipse é designado por eclítica [1].

É no solstício de inverno (21 de dezembro) que a Terra está mais próxima do Sol: 147 milhões de km. No dia 22 de junho, a distância da Terra ao Sol é de 152 milhões de km. É o dia em que a Terra está mais afastada, o solstício de verão. 21 de março e 21 de setembro são os chamados equinócios vernal e outonal, respetivamente. Nos equinócios, o dia e a noite são iguais [1].

Para além da sua rotação em torno do Sol, a Terra também gira sobre si própria em torno de um eixo chamado eixo dos pólos. Esta rotação tem lugar num dia. O plano perpendicular ao eixo dos pólos e que passa pelo centro da Terra chama-se equador. Os eixos dos pólos não são perpendiculares à eclítica; formam entre si um ângulo chamado inclinação igual a 23°27' [1].

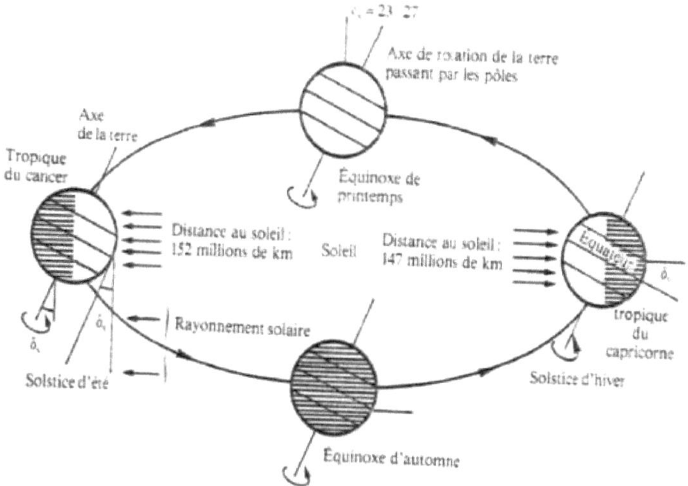


## 1.3 Dimensões geográficas e astronómicas

### I.3.1 Dimensões para a localização do sol

A posição do Sol no céu não é fixa; muda ao longo do dia e da estação. Esta mudança de posição é causada pela rotação da Terra sobre si própria (em torno do seu eixo) e pelo seu movimento em torno do Sol (na sua órbita) [1], [4].

Para determinar esta posição, é habitual utilizar duas marcas de referência: a marca equatorial ou horária e a marca horizontal ou azimutal.

- **.3.1.1 Marcador de coordenadas equatoriais**

Neste quadro de referência, a posição do Sol no céu é determinada por duas grandezas [1], [4]:

- **Declinação (δ):** É o ângulo entre a direção do Sol e a Terra e o plano do equador terrestre. É nulo nos equinócios e máximo nos solstícios, variando entre -23,27° no solstício de inverno e +23,27° no solstício de verão.

Numa primeira aproximação, pode ser avaliado pela seguinte relação:

$$\delta = 23,27 \sin [360 /3655(j + 284)] \qquad (I.1)$$

é expresso em graus.

j é o número do dia do ano a partir do dia 1 de janeiro.

- **Ângulo horário (ω):** É o ângulo entre o meridiano de referência que passa pelo Sul e a projeção do sol no plano equatorial, mede a trajetória do sol no céu. É dado pela seguinte relação :

$$\omega = 15 \ (TSV - 12) \qquad\qquad (I.2)$$

TSV: hora solar efectiva ;

É 0° ao meio-dia solar, então cada hora corresponde a uma variação de 15°, pois o período de rotação da Terra sobre si mesma é igual a 24 horas. Contado negativamente de manhã, quando o Sol está a leste, e positivamente ao fim da tarde.

A hora solar verdadeira é igual à hora legal corrigida por um desvio devido à diferença entre a longitude do local e a longitude de referência.

$$ET = 9{,}87 \ \sin \ (2JD) - 7{,}35 \ \cos \ (JD) - 1{,}5 \ (JD) \qquad\qquad (I.4)$$

$$JD = (J - 81) \ x \ (360/365) \qquad\qquad (I.5)$$

Com

TU: Hora padrão universal (min)

LSt: meridiano padrão da localização (°)

Lg: meridiano local da localização (°)

ET: correção da equação do tempo, dada pela seguinte relação :

$$ET = 9{,}87 \ \sin \ (2JD) - 7{,}35 \ \cos \ (JD) - 1{,}5 \ (JD) \qquad (I.4)$$

$$\text{Em que } JD = (J - 81) \ x \ (360/365) \qquad (I.5)$$

E **D**: número de dias a partir de 1 de janeiro.

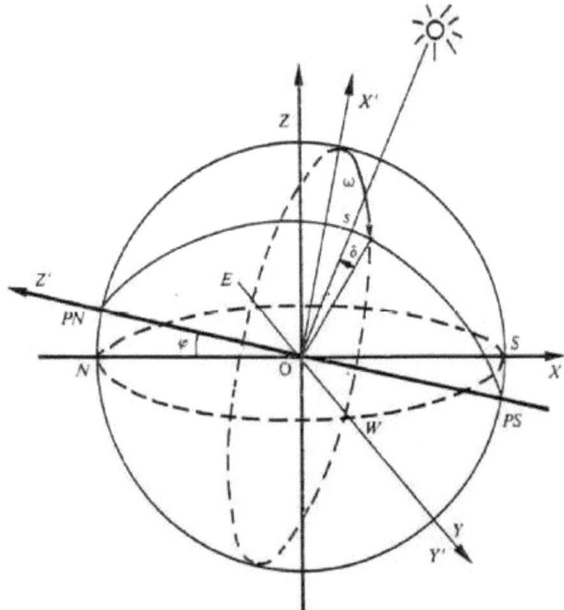


**Figura I.3 Marcador de coordenadas temporais**

## I.3.1.2 Marcador de coordenadas horizontais

O ponto de referência horizontal é formado pelo plano do horizonte astronómico e a vertical do local [1].

Neste quadro de referência, as coordenadas do sol são :

-   **A altura do sol (h):** É o ângulo formado pela direção do sol e a sua projeção no plano horizontal.

É dada pela seguinte relação :

$$\textbf{Sin(h)} = \textbf{sin}(\Phi).\textbf{sin}(\delta) + \textbf{cos}(\Phi).\textbf{cos}(\delta) \qquad \textbf{(I.6)}$$

$\Phi$: latitude da localização.

-   **Azimute do sol ($a$):** é o ângulo entre a projeção da direção do sol no plano horizontal e o sul. O azimute é contado positivamente para oeste e negativamente para leste.

É dada pela seguinte relação :

$$\textbf{Sin }(a) = (\textbf{cos}(\delta).\textbf{sin}(\omega))/\textbf{cos(h)} \qquad \textbf{(I.7)}$$

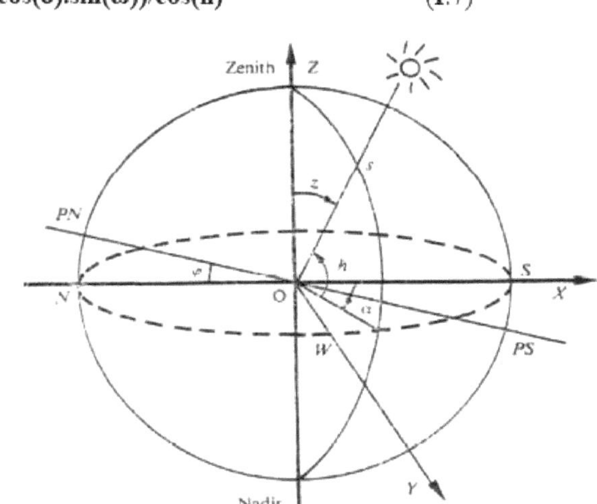


**Figura I.4 Marcador de coordenadas azimutais**

## 1.3.2 Quantidades para a localização de um sítio na superfície terrestre

Qualquer ponto do globo terrestre pode ser definido pelas seguintes coordenadas [1], [4]:

-   **Latitude ($\Phi$):** corresponde ao ângulo entre o raio que une o centro da Terra nesse local e o plano equatorial. Varia de -90° a +90° e é positivo para norte.

-   **Longitude (Le):** representa o ângulo entre o plano meridiano que passa por esta localização e o plano meridiano original (guincho verde).

A altitude é a distância vertical entre este ponto e uma superfície de referência teórica (superfície

do mar).

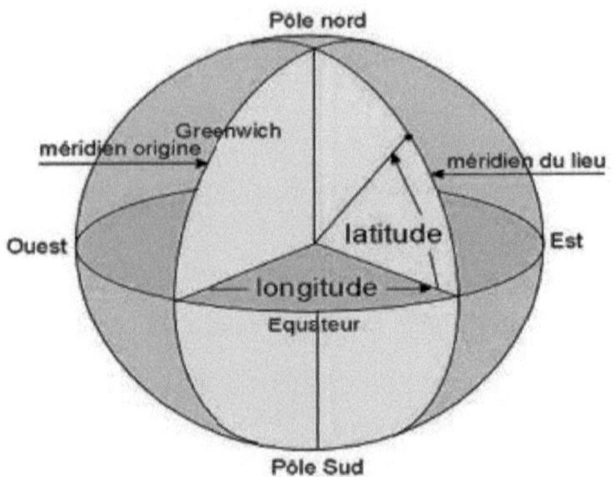


**Figura I.5 Localização de um sítio na superfície terrestre**

### 1.1.3 Orientação do plano

A orientação de qualquer plano é definida por dois ângulos (a, $\gamma$) [1], [4]:

**a: azimute do plano**, o ângulo entre a projeção da normal no plano horizontal e a direção do sul.

**$\gamma$: altura do plano**, ou seja, o ângulo formado pela normal do plano e a sua projeção no plano horizontal. A inclinação $\beta$ do plano em relação ao plano horizontal é dada por :

$$\beta = 90 - \gamma \qquad\qquad (I.8)$$

### 1.1.4 Ângulo de incidência num plano

O ângulo de incidência $i$ é o ângulo entre a direção dos raios solares incidentes e a normal ao plano da superfície recetora. É dado pela seguinte relação [1], [4]:

$$Cos(i) = cos(\alpha\text{-}a) \cdot cos(\gamma) \cdot cos(h) + sin(\gamma) \cdot sin(h) \qquad (I.9)$$

## 1.4 Radiação solar

A radiação electromagnética emitida pelo Sol é a manifestação externa das interações nucleares que ocorrem no núcleo do Sol e de todas as interações secundárias que estas geram na sua envolvente. É responsável pela quase totalidade da energia expelida pelo Sol.

A radiação solar é caracterizada por várias caraterísticas, a mais importante das quais é a constante solar, que é um dado fundamental que é independente das condições meteorológicas [5].

A segunda caraterística da radiação solar é a sua distribuição espetral, que é aproximadamente a de um corpo negro a 5800°k. A radiação solar é uma superposição de ondas com comprimentos que variam de 0,25 micrómetros a 4 micrómetros [1], [5].

A figura I.6 mostra o espetro solar [6].

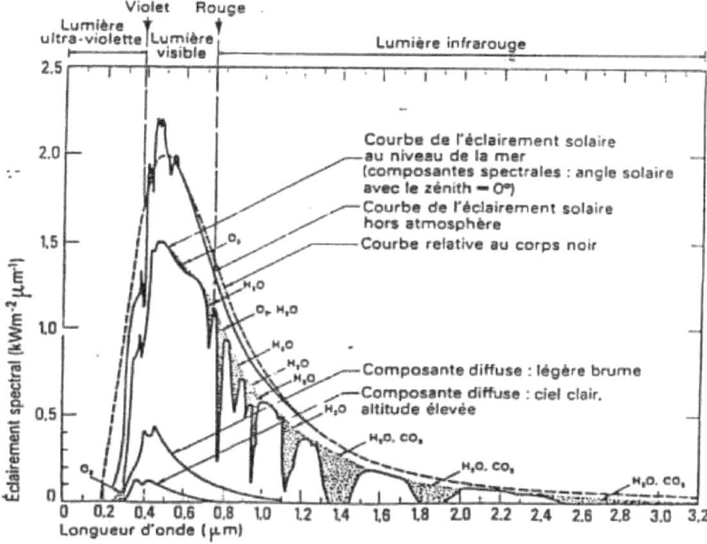


**Figure 1.6 Le spectre solaire**

## 1.4.1 Radiação solar fora da atmosfera

A radiação solar fora da atmosfera depende exclusivamente de parâmetros astronómicos e é caracterizada por um dado fundamental conhecido como a constante solar [1], [5].

**A constante solar :**

A constante solar $E_0$ é o fluxo de energia recebido por uma superfície unitária, normal aos raios solares, situada fora da atmosfera a uma distância média da Terra ao Sol.

Foram efectuadas numerosas experiências para medir a constante solar. No nosso caso, adoptamos o valor de 1353 w/m2 (± 1,5%). Este fluxo, designado por constante solar, varia ligeiramente ao longo do ano, em função das variações da distância da Terra ao Sol.

Numa primeira aproximação, o valor de $E$ pode ser calculado em função do número de dias do ano d, utilizando a seguinte relação:

$$E = E_0 \left[1 + 0,033 \cos (0,984\, j)\right] \qquad (1.10)$$

A tendência anual é apresentada na Figura 1.7 abaixo:

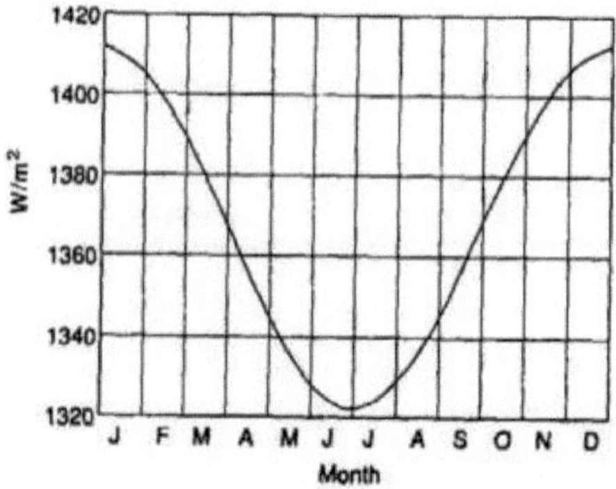


**Figura I.7 Variação anual da constante solar**

Podemos ver que o máximo é obtido em janeiro com um valor de 1413w/m, o mínimo no início de julho com um valor de 1320w/m2.

### 1.4.2 Radiação solar recebida ao nível do solo

A atmosfera da Terra perturba grandemente o fluxo de fotões provenientes do Sol através de uma variedade de processos. Por isso, depois de passar pela atmosfera, a radiação solar pode ser considerada como a soma de dois componentes [1], [5] :

- **A radiação direta** é aquela que atravessa a atmosfera sem alterações, proveniente exclusivamente do disco solar, excluindo qualquer radiação dispersa, reflectida ou refractada pela atmosfera.

- **A radiação dispersa** é a parte da radiação solar que provém de toda a abóbada celeste, com exceção do disco solar, e que é dispersa por partículas sólidas ou líquidas suspensas na atmosfera. Não tem uma direção preferencial.

**A radiação global** é a radiação recebida numa superfície horizontal proveniente do sol e de todo o céu. É a soma da radiação direta e difusa. A figura 1.8 ilustra as diferentes componentes da radiação solar ao nível do solo.

As três grandezas, radiação direta I, radiação difusa D e radiação global G, estão ligadas pela seguinte relação:

$$G = I \cdot \sin(h) + D \qquad (1.11)$$

Onde h é a altura do sol.

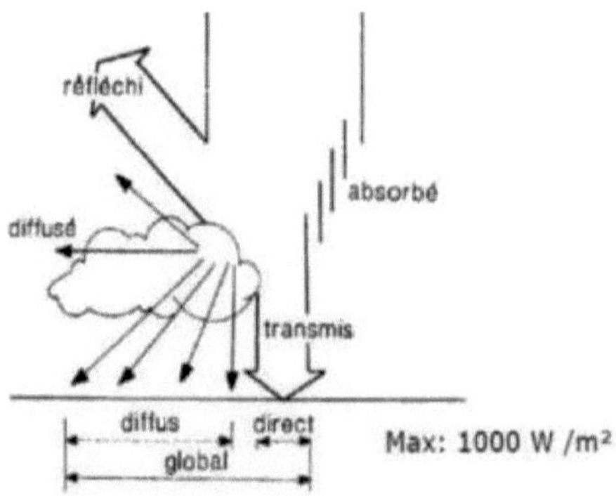

**Figura I.8 Radiação direta, difusa e global**

## 1.5 . Energia solar na Argélia

O recurso solar é um conjunto de dados que descreve as alterações na radiação solar disponível durante um determinado período. É utilizado para simular o funcionamento de um sistema de energia solar e para o projetar com a maior precisão possível, tendo em conta a procura a satisfazer [4].

Devido à sua localização geográfica, a Argélia dispõe de um enorme recurso solar, como mostra a Figura I.9 :

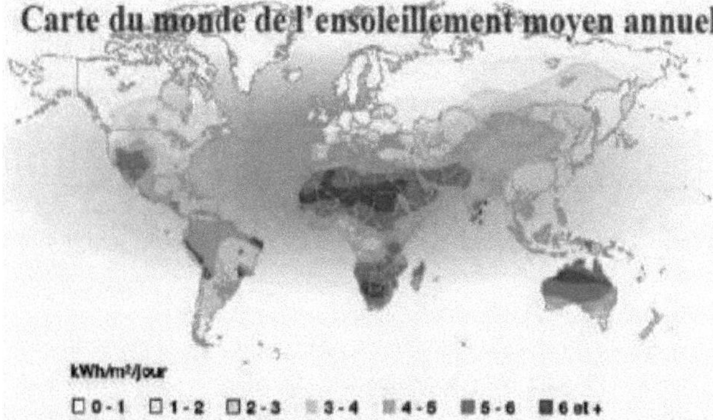


**Figura I.9 Mapa mundial da insolação média anual**

Na sequência de uma avaliação por satélite, a Agência Espacial Alemã (ASA) concluiu que a Argélia possui o maior potencial solar de toda a bacia mediterrânica: 169 000 TWh/ano para a energia solar térmica e 13,9 TWh/ano para a energia solar fotovoltaica. O potencial solar da Argélia é o equivalente a 10 grandes depósitos de gás natural que teriam sido descobertos em Hassi R'Mel. A Tabela 1.2 mostra a distribuição do potencial solar da Argélia por região climática, de acordo com a quantidade de sol recebida anualmente [7]:

**Quadro I.2 Insolação argelina por região climática [7].**

| Regiões | Regiões costeiras | Planaltos | Saara |
|---|---|---|---|
| **Área de superfície (%)** | 4 | 10 | 86 |
| **Duração média da luz solar (h/ano)** | 2650 | 3000 | 3500 |
| **Energia média recebida (kWh/m2/ano)** | 1700 | 1900 | 26500 |

A duração da exposição solar no Sara argelino é de cerca de 3500 horas por ano, a mais elevada do mundo, sendo sempre superior a 8 horas por dia e podendo atingir 12 horas por dia durante o verão, com exceção do extremo sul, onde desce para 6 horas por dia durante o verão.

A região de Adrar é particularmente soalheira e tem o maior potencial de toda a Argélia (Figura I.10) [7].

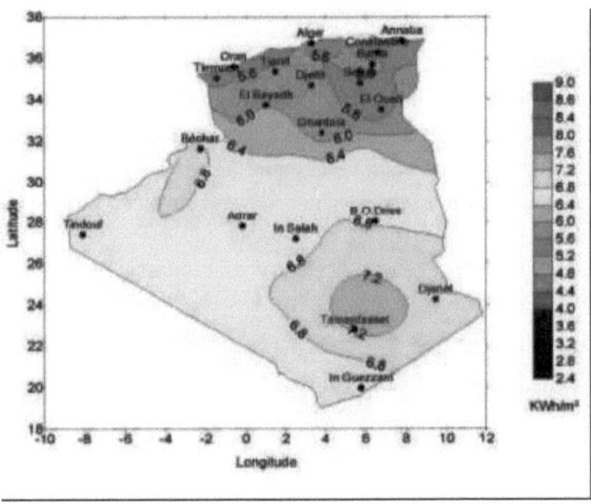

**Figura I.10 Irradiância solar global anual média recebida num plano inclinado à latitude do local**

**Conclusão:**

O conhecimento destes conceitos fundamentais, e em particular da radiação global ao nível do solo, será de grande utilidade para a exploração da energia solar através de colectores e concentradores solares.

A energia solar está disponível em toda a superfície do nosso planeta, que recebe mais de 15.000 vezes a energia que o homem consome. Esta energia pode ser aproveitada de três formas: energia térmica, energia termodinâmica e energia fotovoltaica.

A Argélia dispõe de um grande recurso solar, ainda não explorado. Esta forma de energia oferece muitas vantagens em termos de conversão térmica, principalmente para aquecimento e produção de eletricidade. É uma forma de energia disponível, económica, não poluente e que requer pouca manutenção.

As medições solares consistem principalmente em medições terrestres da radiação direta, difusa e global. Podem também ser medidos outros parâmetros: duração da luz solar e tempo horário.

As medições solares são efectuadas por aparelhos como os heliógrafos, os pireliómetros, que medem o raio incidente, e os piranómetros.

# CAPÍTULO 2

# GERAL

# SOBRE O

# CALOR

# ÁGUA SOLAR

**11.1 Introdução**

A energia solar é a energia do futuro do ponto de vista da eficiência energética e da proteção do ambiente. Para aproveitar ou armazenar esta energia solar, esta tem de ser convertida noutra forma de energia, razão pela qual são utilizados colectores solares.

**11.2 Colectores solares**

Dependendo da conversão de energia, existem duas categorias de colectores solares:
- Colectores solares térmicos.
- Colectores solares fotovoltaicos.

**O nosso trabalho centrar-se-á exclusivamente no coletor solar térmico.**

- **I.2.1 Colectores solares térmicos**

São colectores que convertem a energia solar em energia térmica, utilizada para aquecimento de espaços e produção de água quente sanitária a baixa temperatura. Existem duas categorias de colectores solares térmicos:
- Sensores de caudal de líquidos.
- Sensores de ar.

- **.2.1.1 Sensores de caudal de líquido**

São colectores em que o fluido de transferência de calor que circula através de um circuito solar é um líquido (água, óleo, fluido térmico, anticongelante).

Os colectores solares líquidos mais comuns são :
- sensores de placa plana.
- Sensores de concentração.

**a) Sensor plano (ou isolador)** [8]

Existem três tipos de colectores solares de placa plana:
- Sensores de vidro plano.
- Sensores de placa plana sem vidro.

-    Sensores de placa plana de elevado desempenho.

### a.1) Colectores de vidro plano

Trata-se de um elemento muito simples, constituído por um absorvedor metálico que converte a radiação solar em calor e transmite esse calor a um líquido de transferência de calor. O absorvedor é montado num invólucro isolante coberto por uma folha de vidro ou sintética altamente transparente. O absorvedor tem uma camada negra, frequentemente selectiva, que absorve eficazmente a radiação solar e reduz as perdas devidas aos três modos de transferência de calor. [8]

Para temperaturas entre 35° e 90°c, é necessário utilizar colectores com vidros.

Neste caso, o absorvedor é feito de metal (cobre ou alumínio), numa caixa isolada na parte de trás e envidraçada na parte da frente.

A função dos vidros é reter a radiação, criando um efeito de estufa.

Este tipo de coletor é geralmente utilizado para produzir AQS (água quente sanitária).

O diagrama seguinte mostra a estrutura de um coletor de vidro plano. Figura (I.1).

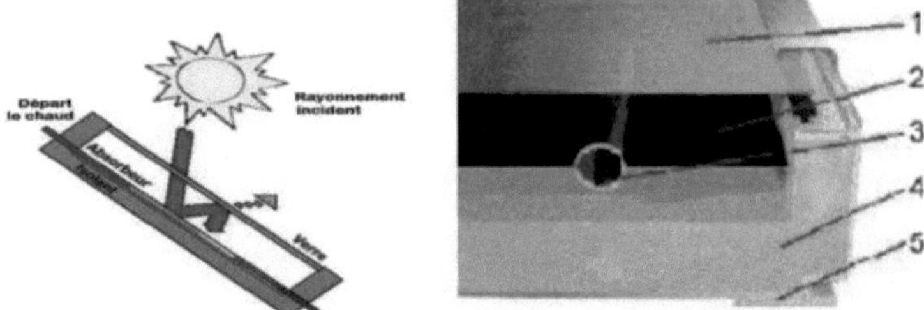


**Figura II.1: Secção transversal de um coletor solar de placa plana envidraçada**

1.    Um ou mais conjuntos de talheres transparentes.
2.    Uma placa absorvente.
3.    Um circuito hidráulico para a evacuação do fluido.
4.    Isolamento térmico.
5.    Um caixote para guardar tudo.

### a.2) Colectores de placas planas não vidradas

Este coletor é o mais simples que se pode imaginar. A sua aplicação habitual é o aquecimento de piscinas exteriores, mas não pode ser utilizado para produzir AQS, exceto nos países quentes.

metal revestido com uma camada selectiva, consiste numa rede de tubos pretos unidos entre si. [8]

### a.3) Sensores planares de elevado desempenho

### a.3.1) Sensores planares selectivos

Alguns absorvedores têm um revestimento seletivo cuja propriedade é emitir apenas uma pequena parte da energia absorvida (7 a 20%). Para a maioria dos sensores, este tipo de revestimento é à base de níquel e crómio.

O absorvedor seletivo melhora a eficiência do coletor.

Esta caraterística é de particular interesse em climas frios e para aplicações que exijam temperaturas elevadas (água).figura(II.2)

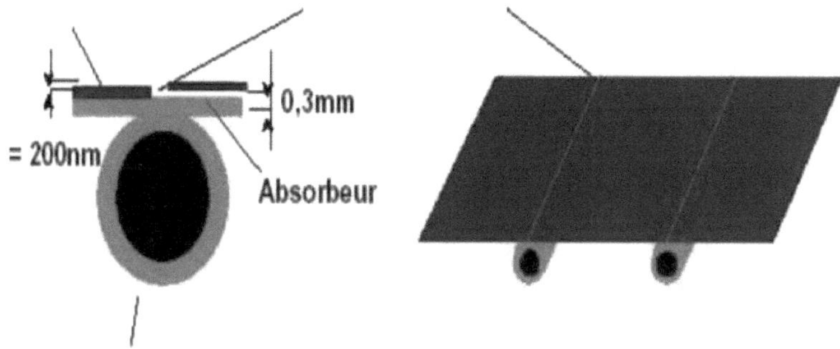


**Figura II.2: Absorvente e revestimento seletivo**

### a.3.2) Sensores de vácuo planos

Os colectores de vácuo podem atingir temperaturas mais elevadas (até 120°C). São constituídos por tubos de vidro que contêm um absorvedor seletivo.

O vácuo nos tubos reduz consideravelmente a perda de calor do coletor. Outra vantagem deste coletor é que pode ser posicionado em qualquer ângulo, facilitando a sua integração.

Estes colectores são bem adequados para a produção de AQS (água quente) nas montanhas ou nos países do norte, dada a sua boa eficiência a baixas temperaturas exteriores. Ver Figura (Π.3). [8]

Existem três tipos de tubos de vácuo:

❖ Tubos de vácuo de fluxo direto.

❖ Tubos de vácuo caladuc.

❖ Tubos de vácuo "Sydney".

**Figura II.3: Sensor de vácuo**

### b) Sensores de concentração [8]

### b.1) Colectores concentradores de calha parabólica

Os colectores concentrados funcionam seguindo o sol. Dependendo se a luz é concentrada num ponto (seguindo o sol ao longo de dois eixos) ou numa linha (seguindo o sol ao longo de um eixo), as temperaturas atingidas são mais altas ou mais baixas. Os colectores de calha parabólica concentram a luz num absorvedor linear, seguindo o sol numa única direção.

Consequentemente, o fator de concentração não é muito elevado e as temperaturas atingidas também não. Estes sistemas podem atingir temperaturas de 200 a 400°C, para potências de várias centenas de kW.

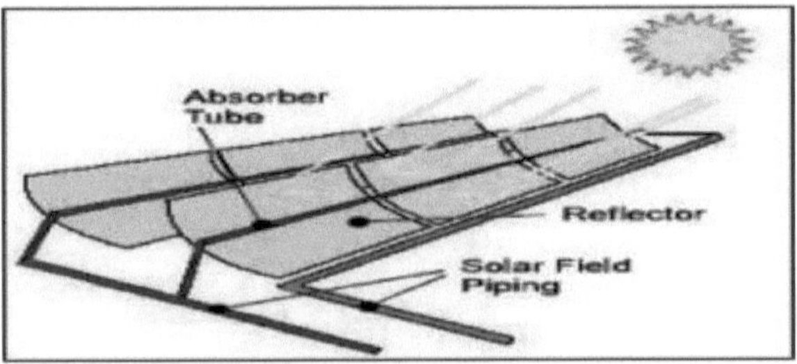


**Figura II.4: Diagrama de um transdutor de calha parabólica.**

As primeiras grandes centrais eléctricas industriais deste tipo foram desenvolvidas nos Estados Unidos pela empresa Luz Solar. Existem duas variantes, consoante a parte móvel:

* Ou o espelho
* Ou o absorvedor

**Figura II.5: Diagrama que mostra as partes móveis de um transdutor de calha parabólica**

**b.2) Colectores concentradores de tipo prato**

Os colectores concentradores do tipo prato concentram a luz num absorvedor pontual, com o sol a seguir em duas direcções. Como resultado, o fator de concentração é mais elevado, assim como as temperaturas atingidas. Estes sistemas podem atingir temperaturas de 400 a 800°C, para potências de várias dezenas de kW.

**Figura II.6: Esquema de um sensor de concentração do tipo prato.**

**b.3) Centrais eléctricas de torre**

As instalações deste tipo concentram a luz num absorvedor pontual, através de espelhos (chamados "helióstatos") que seguem o sol em duas direcções, numa caldeira situada no topo de uma torre. Assim, o fator de concentração é maior, tal como as temperaturas atingidas. Dado o elevado número de espelhos, a potência pode atingir vários MW. Uma central deste tipo (Thémis) foi testada nos anos 80 e deverá voltar a funcionar em breve. Estes sistemas podem atingir temperaturas entre 400 e 800°C, para potências de vários MW.

**Figura II.7: Central de energia solar em torre**

**II.2.1.2 Sensores de ar**

Como o seu nome indica, estes colectores produzem ar quente e são, por isso, ideais para certas instalações de ventilação, ventilação suave e aquecimento ambiente. No caso do aquecimento do ar, o ar a aquecer pode passar diretamente através do coletor.

Uma aplicação específica para estes sensores é a secagem de feno, pois são leves e não têm problemas de arrefecimento ou ebulição, o que é uma vantagem em relação aos sensores de líquidos.

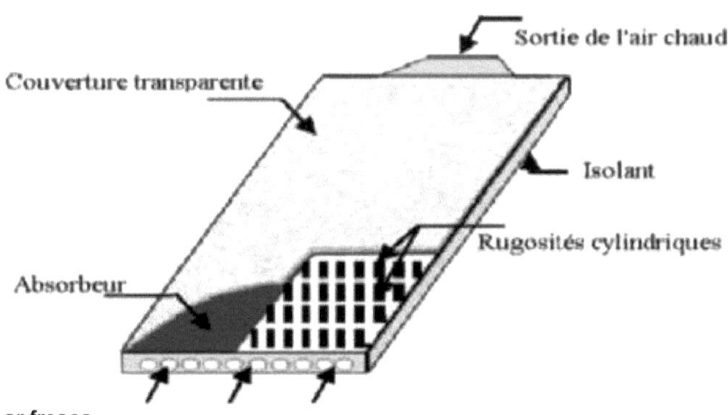


**Figura II.8: Coletor de ar plano**

**II.3 Elementos de construção de um sensor plano**

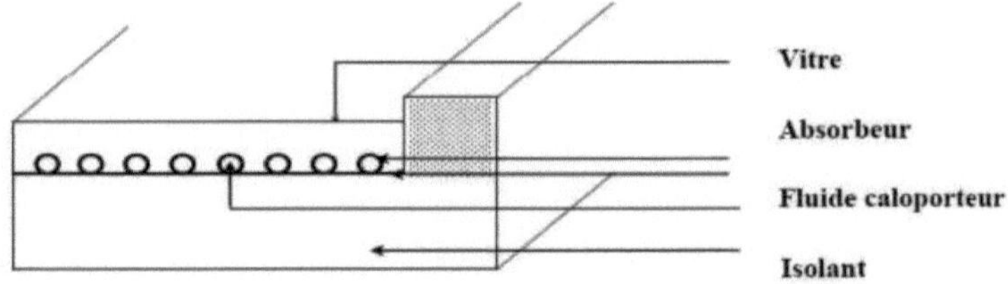


**Figura II.9: Componentes de um coletor solar de placa plana envidraçada**

## 11.3.1 A caixa

O invólucro forma o invólucro traseiro e lateral do dispositivo e é feito de materiais selecionados, tais como chapas ou metais perfilados, materiais plásticos reforçados e mesmo contraplacado.

Os metais mais utilizados são o aço galvanizado ou pré-lacado e as ligas de alumínio. [9]

Existem duas estruturas de caixa:

### 11.3.1.1 A caixa simples

É constituído por uma única camada de material em forma de calha, na qual são montados o isolamento e o absorvedor.

### 11.3.1.2 A caixa dupla

Possui uma estrutura em caixa para maior rigidez e melhor integração do isolamento.

## 11.3.2 A tampa transparente

Esta é a parte através da qual a radiação atinge a superfície do absorvedor.

Uma das suas caraterísticas é o facto de produzir o efeito de estufa.

Os materiais mais utilizados são :

O copo.

> Policarbonatos (Lexan, Makrolon).

> Polimetacrilatos de metilo (Plexiglas, Altuglas).

É preferível o vidro com o mais baixo teor de óxido de ferro (por exemplo, vidro de horticultura).

Existem igualmente coberturas transparentes múltiplas (coberturas duplas) e coberturas feitas de uma película transparente flexível, como o Mylar ou o Tedlar:

> Proteção do absorvente e isolamento térmico.

> Parte do isolamento térmico.

> Reflecte o mínimo possível de radiação e absorve o mínimo possível de luz.

para que toda a radiação atinja a superfície do absorvedor.

## 11.3.3 O absorvedor

É a parte central do coletor onde a água do circuito de armazenamento recolhe o calor do sol.

As funções desta parte do coletor são tanto térmicas como hidráulicas:

### ■S Absorvente de película de água

Onde o líquido de transferência de calor entra em contacto com a maior parte da superfície absorvente.

### J Absorvedor de tubos

Onde o líquido circula em tubos para os quais o calor solar é drenado por um sistema de alhetas condutoras de calor.

A utilização de tubos proporciona uma maior resistência à pressão.

O absorvedor deve ser feito de um material com boa condutividade térmica, geralmente cobre de 0,2 mm de espessura ou folha de alumínio com variações de 0,15 → 0,3 mm.

Nestes dois tipos de absorventes são utilizados materiais muito diversos, como o aço galvanizado, o aço preto e o aço inoxidável, o cobre e até plásticos como o polietileno de cor preta. [9]

Os absorventes frequentemente utilizados e as suas condutividades térmicas são apresentados no quadro seguinte:

| Materiais | Temperatura °C | $\lambda$ W m/°C m$^2$ |
|---|---|---|
| Alumínio | 100 | 205 |
|  | 200 | 230 |
|  | 400 | 318 |
|  | 600 | 423 |
| "Coppersun " | 100 | 381 |
|  | 200 | 372 |
| Cobre | 20 | 393 |
| Magnésio | 20 | 154 |

Quadro II.1: Materiais absorventes

Para aumentar o seu coeficiente de absorção, o absorvedor é frequentemente revestido com uma fina camada de tinta selectiva. O quadro seguinte compara algumas tintas de revestimento

| Revestimentos | A |
|---|---|
| *pintura a óleo :* | |
| - preto | 0,90 |
| - branco cremoso | 0,3 - 0,35 |
| - cinzento claro | 0,50 - 0,75 |
| - Vermelho | 0,74 |
| *tinta de alumínio :* | |
| - vernizes celulósicos | 0,5 - 0,55 |
| - preto | 0,94 |
| - castanho | 0,79 |
| - verde escuro | 0,88 |
| azul escuro | 0,91 |

Quadro II.2: Revestimentos

Trata-se de uma chapa ondulada de cobre sobre a qual foi depositado óxido de cobre, com duas faces tratadas de forma diferente, sendo a face absorvente cinzenta clara aquela sobre a qual foi efectuado o depósito, e tem um coeficiente de absorção da radiação solar de cerca de 96,5%.

Também tem cavidades microscópicas que absorvem a radiação solar, mas são suficientemente pequenas para que a superfície seja considerada plana.

O quadro seguinte apresenta as propriedades de algumas superfícies selectivas:

| Superfícies | A | ε |
|---|---|---|
| níquel preto sobre níquel | 0,95 | 0,07 |
| cromado preto sobre níquel | 0,95 | 0,09 |
| cobre preto sobre cobre | 0,88 | 0,15 |
| óxido de ferro no aço | 0,85 | 0,08 |

Quadro II.3: superfícies selectivas

### 11.3.4 O fluido de transferência de calor

O fluido de trabalho é responsável pelo transporte de calor entre duas ou mais fontes de temperatura. É escolhido com base nas suas propriedades físicas e químicas, devendo ter uma elevada condutividade térmica, baixa viscosidade e elevada capacidade térmica. No caso dos colectores de placa plana, utiliza-se água, à qual se adiciona um anticongelante (geralmente etilenoglicol), ou ar. O ar tem as seguintes vantagens em relação à água [9]:

- Não há problema em congelar no inverno ou ferver no verão.
- Sem problemas de corrosão (ar seco).
- Qualquer fuga não tem qualquer consequência.
- Não é necessário utilizar um permutador de calor para o aquecimento ambiente.
- O sistema a implementar é mais simples e mais fiável.

No entanto, tem alguns inconvenientes:

- O ar só pode ser utilizado para aquecimento ambiente ou secagem solar.
- O produto da densidade e da capacidade térmica é baixo (p.Cp=1225 J/m3. K) para o ar, comparado com 4.2.106 J/m3. K para a água.
- Os tubos devem ter uma secção transversal grande para permitir um fluxo suficiente.

### 11.3.5 Isolamento térmico

O absorvedor deve transmitir a energia recolhida ao fluido de transferência de calor, evitando a perda de calor por condução, convecção e radiação das várias partes periféricas para o exterior.

Estão disponíveis as seguintes soluções:

- **Parte frontal do absorvedor**

A camada de ar entre o painel e o absorvedor actua como um isolante contra a transmissão de calor por condução. No entanto, se o espaço de ar for demasiado espesso, ocorre convecção natural, resultando em perda de energia. Para as temperaturas normais de funcionamento de um coletor de placa plana, o espaço de ar deve ter uma espessura de 2,5 cm [9].

A colocação de dois painéis de vidro limita as perdas por reemissão, bem como as perdas por condução e convecção [8].

- **Secções traseiras e laterais**

Para limitar as perdas de calor na periferia do coletor, podem ser utilizadas uma ou mais camadas de isolamento, que devem ser resistentes a temperaturas elevadas e não libertadoras de gases, caso contrário, é de esperar um depósito no interior da tampa. Para além da utilização do isolamento para minimizar as perdas de calor, a resistência de contacto entre a placa, o isolamento e o invólucro pode ser aumentada evitando pressionar estas superfícies uma contra a outra, porque no caso de rugosidade elevada, pode existir uma película de ar entre as duas superfícies em contacto que impede a passagem fácil do calor por condução [9], [10], [11].

A tabela seguinte apresenta algumas das propriedades destes isoladores:

| designação | $\lambda$ (W/m.K) | (3) | max Utilização T | Comentários |
|---|---|---|---|---|
| lã de vidro | 0,034 a 0°C<br>0,053 a 200°C | 70 | 150 | sensível à humidade |
| espuma de vidro | 0,057 | 123 | 150 | ******** |
| Serragem de aglomerado de madeira | 0,13 à 0,40 0,1<br>0,11 | ******** | ********* | ********* |
| vermiculite | 0,12 à 0,40 | ******** | ******** | ******** |
| cortiça expandida | 0,045 | 100 | 110 | ******** |
| poliestireno | 0,042<br>0,040 | 15<br>17 | 85<br>85 | moldado por compressão |
| poliuretano<br>poliuretano | 0,035<br>0,027 | 35<br>35 - 40 | 85<br>110 | pastilha de espuma |

Tabela II.4: Propriedades de isolamento

## II.4 Orientação e inclinação de um sensor plano

### 11.4.1 Orientação

Uma vez que os raios solares se distribuem uniformemente ao longo do dia, os colectores devem ser orientados de forma a recolher o máximo de energia possível. Geralmente, os colectores são orientados para sul (no hemisfério norte).

### 11.4.2 A inclinação

O problema da inclinação é o mais delicado e requer um estudo pormenorizado, mas podemos constatar que a posição vertical do coletor favorece o período de inverno, enquanto a posição horizontal conduz a melhores rendimentos durante o verão. A solução ideal seria inclinar os colectores de forma diferente consoante a época do ano. Como os colectores serão necessariamente fixos, estarão inclinados em relação à horizontal num ângulo igual à latitude do local. [12].

### 11.4.3  Ligação do sensor [13] ..." ...

❖ ◆◆ **Ligação de sensores em série**

Neste tipo de disposição, a saída do primeiro sensor é ligada à entrada do segundo sensor, cuja saída é ligada à entrada do terceiro sensor, e assim por diante.

Quanto maior for o percurso do fluido de transferência de calor, mais elevadas serão as temperaturas obtidas à saída do último coletor.

❖ **Ligação em paralelo de sensores**

Neste caso, a água chega a cada coletor através de um tubo de distribuição que corre ao longo dos bordos inferiores, enquanto a água quente é extraída através de outro tubo colocado ao longo do bordo superior do coletor. Neste tipo de ligação, é importante que o circuito esteja bem equilibrado para que o caudal do fluido de transferência de calor seja distribuído uniformemente pelos vários colectores. Ver figura (I.10).

❖ **Ligação mista**

Trata-se de um conjunto que combina os modos série e paralelo, resultando numa distribuição mais uniforme do caudal e, consequentemente, das temperaturas. Existem dois tipos de ligação mista, particularmente adequados para grandes instalações.

- Ligação em série paralela.

- Ligação em série paralela.

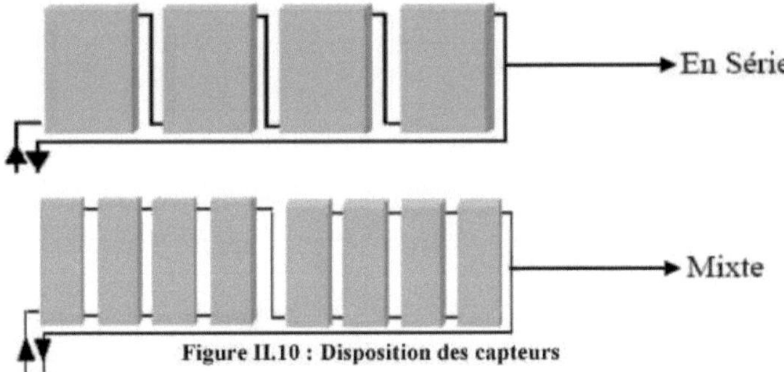


**Figure II.10 : Disposition des capteurs**

### II.5 O depósito de armazenamento

O depósito de armazenamento é uma parte essencial de um sistema de aquecimento solar de água. Como o nome sugere, é utilizado para armazenar a água quente proveniente dos colectores, para que possa ser libertada quando necessário. Pode ou não conter um permutador de calor. Ver Figura (Π.11).

Para evitar a perda de calor para o ambiente exterior, o depósito de armazenamento deve ser bem isolado, com a espessura certa de isolamento térmico e económico.

O armazenamento é caracterizado por [14]:

❖ Modo de acumulação de calor (sensível ou latente).

❖ A capacidade térmica do stock.

❖ Perda de calor na armazenagem.

Dependendo da capacidade de armazenamento, existem dois tipos:

❖ Armazenamento a longo prazo (inter-sazonal).

*** Armazenamento a curto prazo (não mais do que alguns dias ou horas).

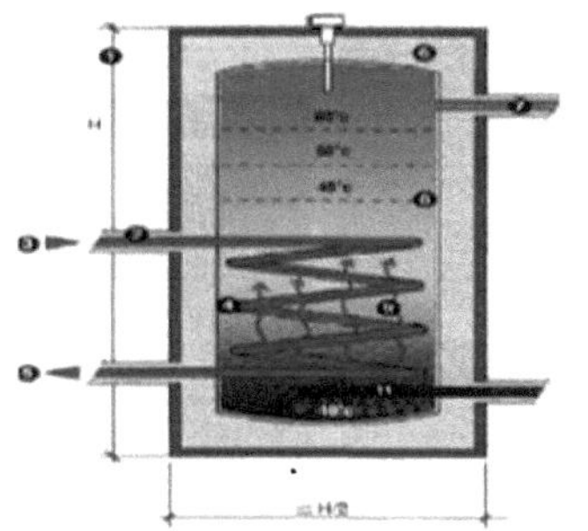


**Figura II.11: O reservatório de armazenagem com permutador de calor**

## II.6 Tubagem

A tubagem é utilizada para transferir o fluido de transferência de calor e a sua conceção e instalação devem ser seguidas cuidadosamente para evitar problemas graves.

O circuito da tubagem deve ser tão simples quanto possível, ou seja, curto e evitar alterações de diâmetro.

Os tubos devem ser cuidadosamente isolados. O circuito do fluido de transferência de calor é composto por vários dispositivos, cujos principais componentes são.

- Uma válvula de segurança.
- Um vaso de expansão.
- Um coletor de vapor.
- Uma válvula anti-retorno.
- Isolamento.

## II.7 O permutador de calor

Um permutador de calor é um dispositivo no qual dois fluidos, separados por uma parede, circulam e trocam calor. Um fluido arrefece enquanto o outro aquece.

Normalmente, está incorporado no depósito de armazenamento, mas também pode estar localizado no exterior.

Devido à sua função de transferência de calor, o permutador de calor deve oferecer a maior superfície de contacto possível entre os fluidos, razão pela qual a maioria dos permutadores de calor tem a aparência de uma bobina.

**Nota:** Os permutadores externos serão do tipo placa e os permutadores internos serão do tipo bobina, na nossa instalação o permutador utilizado é do tipo bobina. A figura (II.12). mostra os dois tipos de permutador.

**Figura II.12: Tipos de permutadores de calor**

**II.8 Como funciona um aquecedor solar de água**

O seu funcionamento consiste simplesmente em transferir a energia solar absorvida pelos colectores (calor) para um sistema de armazenamento (depósito).

A transferência é efectuada por meio de um líquido de transferência de calor.

O líquido de transferência de calor deve deslocar-se do coletor solar para o depósito de acumulação (onde troca o seu calor para aquecer a água fria contida no depósito), regressando a água arrefecida ao coletor onde será reaquecida pela radiação solar. Ver Figura (**II**.13).

No seu trajeto entre o coletor e o reservatório e o coletor, a água pode circular por si própria (circulação natural) ou ser acionada por uma pequena bomba (circulação forçada).

As posições relativas do isolador e do reservatório são essenciais para decidir como o conjunto irá funcionar [15], [16].

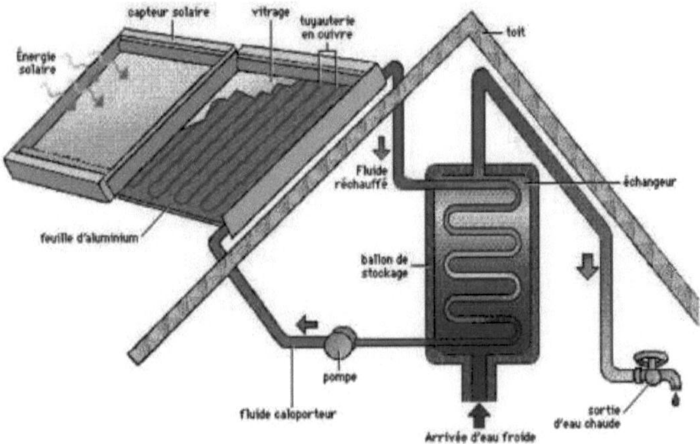


**Figura II.13: Diagrama de blocos de um aquecedor solar de água.**

**II.9 Tipos de aquecedores solares de água**

**II.9.1 Aquecedor solar de água de circulação natural (termossifão)**

A água aquecida no coletor é enviada para o depósito de armazenamento, onde é substituída no coletor por água fria, que por sua vez aquece, e assim sucessivamente. 9] A circulação da água no circuito deve ser contínua enquanto houver sol e água para aquecer, e é geralmente bastante lenta.

A água quente, que é mais leve do que a água fria, acumula-se primeiro no topo do reservatório. Ver Figura (**II**.14).

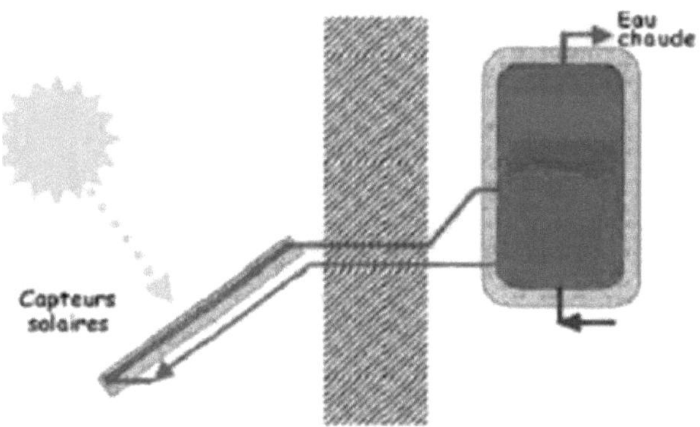


**Figura II.14: Aquecedor solar de água de circulação natural sem permutador de calor**

**II.9.2 Aquecedor solar de água de circulação natural com permutador de calor**

A água quente proveniente do coletor circula no interior do reservatório num permutador de calor que, ao entrar em contacto com a água fria do reservatório, cede as suas calorias através da parede do permutador e volta a aquecer no coletor. Ver Figura (I.15).

A água aquecida no coletor permanece num circuito fechado denominado "circuito primário".

A água aquecida em contacto com o permutador de calor sobe para o topo do tanque, enquanto a água fria desce e é reaquecida no fundo do tanque. [16]

No que diz respeito ao congelamento e à descamação, veremos as vantagens da utilização de um permutador.

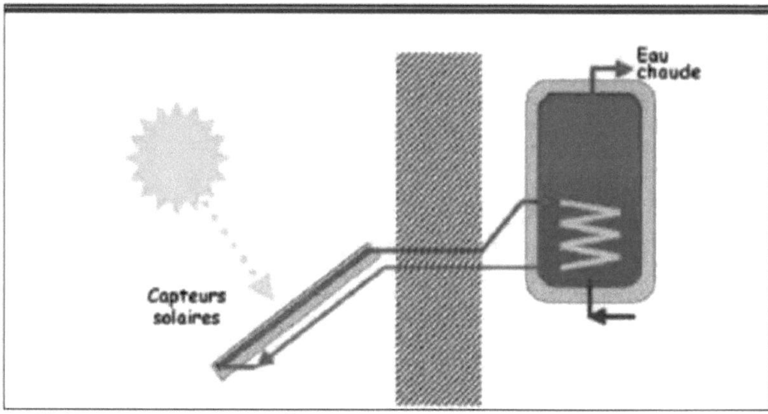


**Figura II.15: Aquecedor solar de água por termossifão com permutador de calor**

**11.9.3 Aquecedor solar de água com circulador e permutador no interior da casa**

O fluido que circula no circuito primário (coletor - permutador - coletor) é geralmente diferente da água armazenada no reservatório, pelo que um determinado fluido de transferência de calor circulará no circuito primário, absorvendo a energia térmica no interior do coletor e libertando-a depois para a atmosfera.

Ver Figura (**II**.16). [9]

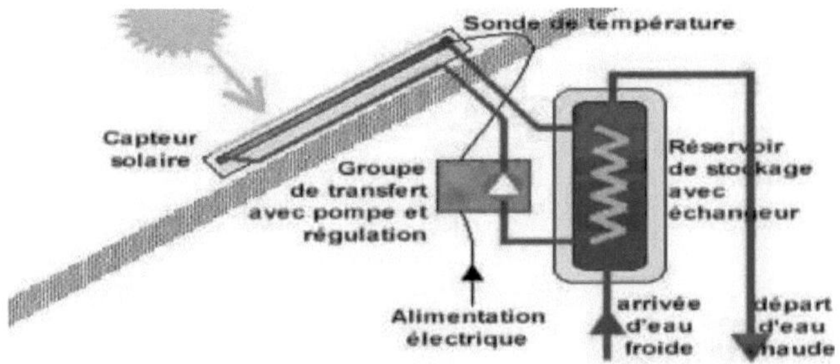


**figura II.16: o esquentador com circulador e permutador de calor no interior do depósito**

**de armazenamento.**

## II.9.4 Aquecedor solar de água com circulador e permutador fora do tanque de armazenamento.

Esta instalação é constituída por três circuitos principais através dos quais circula água ou um fluido anticongelante, como se mostra na Figura (II.17). [16]

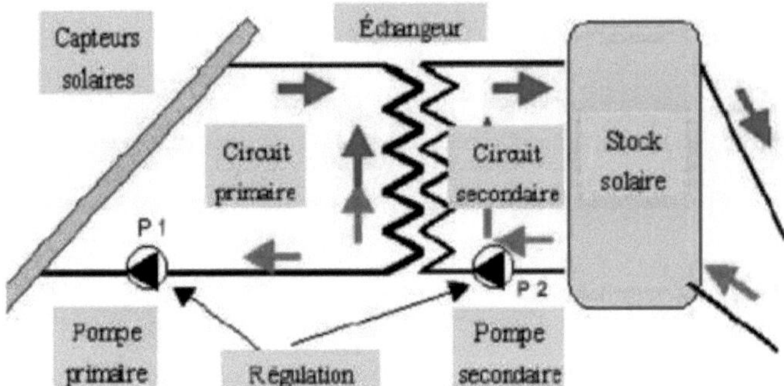


**Figura II.17: Esquentador com circulador e permutador de calor no exterior do reservatório**

**armazenamento**

### II.9.4 .1 O circuito primário

Trata-se de um circuito fechado entre os colectores e o permutador de calor. O fluido é aquecido nos colectores solares e depois arrefece, transferindo o seu calor para o circuito secundário no permutador de calor.

A circulação ocorre quando a energia solar disponível é suficiente para aquecer a água nos colectores. O sistema de regulação controla o arranque e a paragem da bomba primária de acordo com a quantidade de luz solar detectada pelos sensores de temperatura nos circuitos primário e secundário.

### II.9.4.2 O circuito secundário

Trata-se de um circuito aberto entre o permutador de calor e o depósito de armazenamento solar, com a água quente sanitária a circular neste circuito.

A água do acumulador solar é aquecida no permutador de calor e arrefece quando a água quente é utilizada. A temperatura da água é ligeiramente inferior à do circuito primário, com um máximo de cerca de 90°C.

O sistema de controlo controla o arranque e a paragem da bomba secundária de acordo com as temperaturas nos circuitos primário e secundário e o estado da bomba primária.

O circuito de distribuição é um circuito aberto, com a água fria da rede a entrar na parte inferior do tanque e a água quente a sair na parte superior.

**Conclusão**

As instalações solares podem ser utilizadas em todos os climas para produzir água quente, mas o seu desempenho anual é proporcional à quantidade de luz solar na área onde os colectores solares estão instalados.

A escolha entre tipos de colectores solares é determinada pelo tipo de aplicação necessária, fiabilidade, preço e temperaturas pretendidas.

# CAPÍTULO 3

# <u>EQUILÍBRIO TÉRMICO DE UM COLECTOR SOLAR DE PLACA PLANA</u>

### III.1 Contexto da transferência de calor

A termodinâmica permite-nos prever a quantidade total de energia que um sistema deve trocar com o exterior para passar de um estado de equilíbrio para outro. A termodinâmica (ou termocinética) tem por objetivo descrever quantitativamente (no espaço e no tempo) a evolução das variáveis caraterísticas do sistema, em particular a temperatura, entre o estado de equilíbrio inicial e o estado final.

O calor flui sob a influência de um gradiente de temperatura por condução de altas para baixas temperaturas. A quantidade de calor transmitida por unidade de tempo e por unidade de área de uma superfície isotérmica é designada por densidade de fluxo de calor.

### III.1.1 Condução

É a transferência de calor num meio opaco, sem a deslocação de matéria, sob a influência de uma diferença de temperatura. A propagação do calor por condução no interior de um corpo dá-se por dois mecanismos distintos: a transmissão pelas vibrações dos átomos ou moléculas e a transmissão pelos electrões livres.

A teoria da condução baseia-se na hipótese de Fourier: a densidade do fluxo é proporcional ao gradiente de temperatura:

$$Q_{cd} = -\lambda.S.\,\overrightarrow{grad}(T) \qquad\qquad (III.1)$$

$$Q_{cd} = -\lambda.S.\frac{\partial T}{\partial x} \qquad\qquad (III.2)$$

Com :

$Q_{cd}$: fluxo de calor por condução (W).

S: Área da secção transversal do fluxo de calor (m2).

$\lambda$: Condutividade térmica (W/m°C).

x: Variável espacial na direção do fluxo (m).

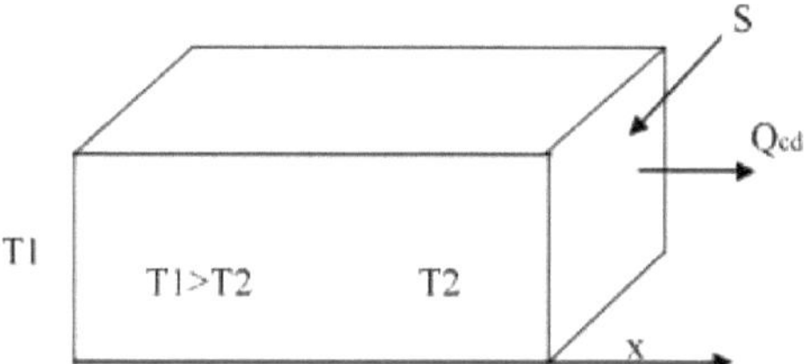

**Figura III.1: Diagrama da transferência de calor por condução**

## III.1.2 Convecção

Neste caso, o calor é transferido de um fluido líquido ou gasoso para um corpo sólido (por exemplo, entre o ar e uma parede). As partículas estão em movimento entre si.

Existem dois tipos de convecção:

### III.1.2.1 Convecção livre ou natural

O movimento do fluido é gerado por variações de densidade causadas por variações de temperatura no fluido, como no caso da circulação térmica.

### III.1.2.2 Convecção forçada

O movimento do fluido é induzido por uma causa independente das diferenças de temperatura (bomba, ventilação, etc.).

Trata-se da transferência de calor entre um sólido e um fluido, sendo a energia transmitida pelo movimento do fluido.

Este mecanismo de transferência é regido pela lei de Newton:

$$Q_{cv} = h_c .S.(T_p - T_\infty) \qquad (III.3)$$

$_{cv}Q$ : fluxo de calor por convecção (W).

S: Superfície de transmissão de calor (m2).

$T_p$: Temperatura da superfície sólida (°C).

$_zT$ : A temperatura do fluido antes de entrar em contacto com o sólido (°C).

$_ch$ : Coeficiente de transferência de calor por convecção (W/m2.°C).

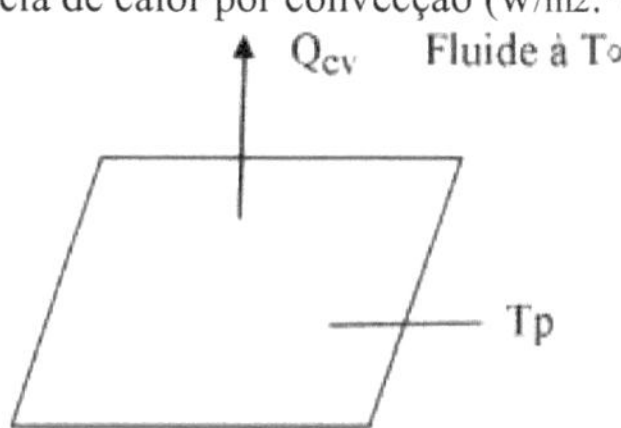


**Figura III.2: Diagrama da transferência de calor por convecção**

### III.1.2.3 Calcula o coeficiente de permuta por convecção

**Convecção forçada :**

Na ausência de convecção natural, o coeficiente de troca hc por convecção é independente da diferença de temperatura entre a parede e o fluido, mas depende das 6 variáveis seguintes:

$_mU$ velocidade média do fluido

p densidade do fluido

Cp calor específico do fluido

μ viscosidade térmica do fluido

λ condutividade térmica do fluido

D dimensão caraterística da superfície de permuta

A partir destas quantidades, definimos os seguintes números sem dimensão:

$$Nu = hc\frac{D}{\lambda}$$ Número de Nusselt $\lambda$

$$Re = \frac{\rho.U_m.D}{\mu}$$ Número de Reynolds

$$Pr = \frac{\mu.Cp}{\rho}$$ número de Prandt

Trabalho experimental que estuda a transferência de calor por convecção numa situação de
Os dados fornecem os seus resultados sob a forma de correlações matemáticas Nu=f(Re,Pr)
que podem ser utilizadas para calcular hc por :

$$h = Nu\frac{D}{\lambda}$$ (III.4)

Re: o número de Reynolds caracteriza o regime de escoamento do fluido

Pr: o número de Prandtl caracteriza a troca de calor entre o fluido e a parede.

Nu: o número de Nusselt caracteriza a troca de calor entre o fluido e a parede.

**Convecção natural :**

Na convecção natural, o movimento do fluido é devido a variações na densidade do fluido
resultantes da troca de calor entre o fluido e a parede. O fluido é posto em movimento pelas
forças de Arquimedes porque a sua densidade é uma função da sua temperatura.

A convecção forçada é negligenciável se

$$Gr/P_r^2 > 100$$

$$Nu = C\,(Gr\,Pr)^n$$

Convecção laminar Gr Pr < 109 => n=1/4

Convecção turbulenta Gr Pr > 109 =>n=1/3

**III.1.3 Radiação**

A transferência de calor por radiação ocorre quando a energia sob a forma de ondas
electromagnéticas é emitida por uma superfície e absorvida por outra. Esta troca pode ter
lugar quando os corpos estão separados por um vácuo ou por qualquer meio intermédio que
seja suficientemente transparente para as ondas electromagnéticas.

A lei fundamental da radiação é a lei de Stefan-Boltzmann:

$$Q_r = \varepsilon.\sigma.s\left(T_p^4 - T_\infty^4\right)$$ (III.5)

$_r$Q : densidade do fluxo de calor emitido pelo corpo.

ε: emissividade térmica do material.

σ: Constante de Stefan-Boltzmann avaliada em 5.6.10 8 W/m 2K 4

Tp: Temperatura da superfície.

T∞: Temperatura do meio que envolve a superfície.
S: Área da superfície
Ambiente envolvente em T∞

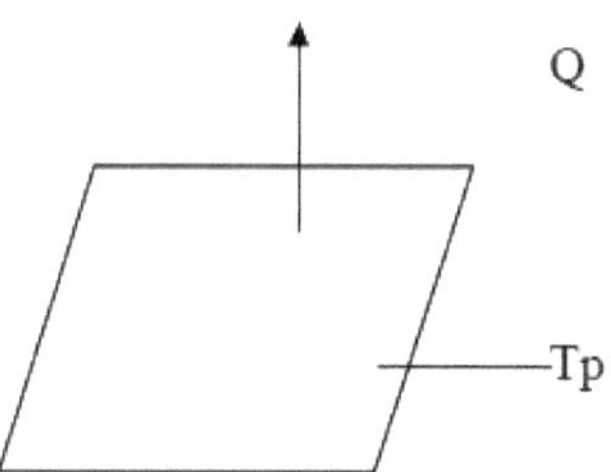



**Figura III.3: Diagrama da transferência de calor radiativa.**

**III.2 Os diferentes modos de transferência de calor num coletor solar**

Um coletor solar envolve simultaneamente os três modos de transferência de calor, condução, convecção e radiação (Figura III.4).

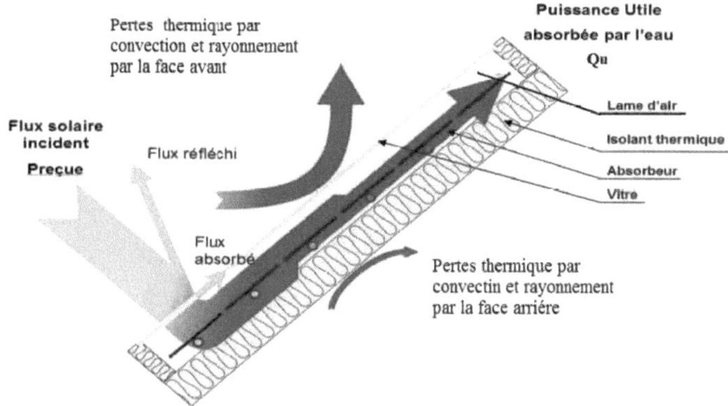



**Figura III.4 As várias trocas de calor num coletor de vidro plano**

**III.2.1 Troca de calor no painel de vidro [16]**

Para além do fluxo de calor trocado por radiação entre o absorvedor e o vidro, existe outro fluxo de calor incidente (Qv) que será absorvido pelo vidro, mas que tem pouca importância.

$$Q_v = \alpha_v \, . Sv.G \qquad (III.6)$$

$_v\alpha$ : coeficiente de absorção do painel.
Sv: superfície do painel (m2).
G: Radiação global.
> O fluxo de calor trocado por convecção entre o vidro e o ar ambiente é dado por equação (III.7)

$$Q_{cvam} = h_{cvam} \cdot Sv \cdot (Tv - Tam) \qquad (III.7)$$

Tam: Temperatura ambiente (°K).
$_{cvam}h$ : coeficiente de troca por convecção entre o painel e o ar ambiente. Este coeficiente é devido a
inteiramente à velocidade do vento (W/ m2 °K).

Pode ser utilizada a correlação de Hottel-Woertz.

$$h_{cvam} = 5.67 + 3.86 \cdot V \qquad\qquad\qquad \text{(III.8)}$$

V: Velocidade do vento (m/s).
> O fluxo de calor trocado por radiação entre o vidro e o céu é dado pela equação (III.9)

$$Q_{rvc} = h_{rvc} \cdot Sv.(Tv - Tciel) \qquad\qquad \text{(III.9)}$$

$_{ce}$T i l: Temperatura do teto (°K).
$_{rvc}$h : coeficiente de troca de radiação entre o painel e o céu (W/ m2°K).

$$h_{rvc} = \varepsilon v.\sigma.(Tciel - Tv).(Tv^2 + Tciel^2) \qquad\qquad \text{(III.10)}$$

$$Tciel = 0.0552.Tam^{1.5} \qquad\qquad\qquad \text{(III.11)}$$

### III.2.2 Troca de calor no absorvedor [16]
> O fluxo de calor trocado por convecção entre o absorvedor e o vidro é dado por Equação (III.12)

$$Q_{cabv} = Sab.h_{cabv}.(Tab - Tv) \qquad\qquad \text{(III.12)}$$

Tab: Temperatura do absorvedor (°K).
Sab : Área de superfície do absorvedor (m2)
$_{ca}$h bv: Coeficiente de troca de calor por convecção entre o painel e o absorvedor (W/m2°K).

$$h_{cabv} = N_u \frac{Kair}{b}$$

$$Nu = 1 + 1.44\left(1 - \frac{1708}{Gr.Pr.cos\beta}\right)\left(\frac{|x| + x}{2}\right)\left(\frac{|y| + y}{2}\right)$$

$$x = 1 - \frac{1708 sin(1.8\beta)}{Gr.Pr.cos\beta}$$

$$y = \frac{(Gr.Pr.cos\beta)^{\frac{1}{3}}}{5830}$$

*1 (Gr. Pr. cosβ)* **a 5830**

r: Número de Prandtl.
b: espessura do espaço de ar que separa o painel da placa absorvente
(m). Gr: Número de Grashof.
Kair: condutividade térmica do ar (W/m.K).
β: inclinação do sensor (rad).
> O fluxo de calor trocado por radiação entre o absorvedor e o vidro é dado por equação (III.15)

$$Q_{rabv} = S_{ab} \cdot h_{rabv} \cdot (T_{ab} - T_v) \qquad \text{(III.15)}$$

$$h_{rabv} = \frac{\sigma \cdot (T_v + T_v)\left(T_{ab}^2 + T_v^2\right)}{\dfrac{1}{\varepsilon_{ab}} + \dfrac{1}{\varepsilon_v} - 1} \qquad \text{(III.16)}$$

εab, εv: são as emissividades do absorvedor e do vidro, respetivamente.

σ: Constante de Stéphane Boltzman σ = 5,67 10 8 W/m2 K4.

O fluxo de calor trocado por condução entre o absorvedor e o isolante é dado pela equação (III.17)

$$Q_{cdabi} = \frac{(T_{ab} - T_i)}{\left(\dfrac{L_{ab}}{S_{abi} \cdot \lambda_i}\right) + \left(\dfrac{L_i}{S_{abi} \cdot \lambda_{ab}}\right)} + \frac{(T_{ab} - T_i)}{\left(\dfrac{L_{ab}}{S_{abil} \cdot \lambda_{il}}\right) + \dfrac{L_{il}}{S_{abil} \cdot \lambda_{ab}}} \qquad \text{(III.17)}$$

Ti: temperatura de isolamento (°K).

Sabil: superfície de contacto absorvedor-isolador para a face lateral (m2). λi: condutividade térmica do isolamento (lã de rocha). (W m 1 °K 1). λil: condutividade térmica do isolante (lã de vidro). (W m 1 °K 1).

λab: condutividade térmica do absorvente (W m 1 °K)

I:    . Lab: espessura do absorvente (m).

II:   espessura do isolamento (lã de rocha) (m).

III:  espessura do isolamento lateral (lã de vidro) (m).

> O fluxo de calor trocado por convecção entre o absorvedor e o fluido de transferência de calor (água) é dado pela equação (III.18)

$$Q_{cabf} = h_{cab} \cdot Sabf \cdot (Tab - Tf) \qquad \text{(III.18)}$$

Tf: temperatura do fluido de transferência de calor (°K).

Sabf: superfície de contacto do absorvedor do fluido de transferência de calor (m2).

cah bf coeficiente de troca por convecção entre o absorvedor e o fluido de transferência de calor (W/ m2 °K).

caO coeficiente de troca de calor por convecção no interior dos tubos h bf é calculado do seguinte modo

seguindo Gnielinski. Utilizou um grande número de dados experimentais sobre a transferência de

calor nos tubos e propôs uma correlação que poderia ser utilizada para o regime de transição e para o regime turbulento, tendo em conta o comprimento de estabelecimento do escoamento. O

as propriedades físicas são calculadas à temperatura média da água.

$$N_u = \frac{\Omega}{8} \frac{(R_e - 10^3)P_r}{1 + 12.7\left(\dfrac{\Omega}{8}\right)^{0.5}\left(P_r^{\frac{2}{3}} - 1\right)}\left[1 + \left(\frac{d_i}{l}\right)^{\frac{2}{3}}\right] \qquad \text{(III.19)}$$

Ω: Coeficiente de Darcy.

Pr: Número de Prandtl.

Re: número de Reynolds. di: diâmetro interior (m).

L: comprimento do tubo (m).

[6]Esta correlação pode ser utilizada para $0,6 < Pr < 2000$, $2300 < Re < 10$ . O número de Reynolds é dado por:

$$Re = \rho \frac{D.V}{\mu} \qquad (\text{III.20})$$

D: diâmetro do tubo (m).

$\mu$: viscosidade dinâmica da água (Pas).

V: velocidade média do fluido (m/s).

Para um escoamento turbulento hidráulico suave, o coeficiente de Darcy é dado por diferentes relações, dependendo do número de Reynolds.

Si $2300 \leq Re \leq 10^5$ aplicar a fórmula de Blasius:

$$\Omega = 0.3164 Re^{-0.25} \qquad (\text{III.21})$$

Si $10^5 \leq R \leq 10^6$ aplicamos a relação de Herman :

$$\Omega = 0.0054 + 0.3964 Re^{-0.3} \qquad (\text{III.22})$$

O coeficiente de troca de calor interno é dado por:

$$h_{cabt} = Nu \frac{\lambda eau}{di} \qquad (\text{III.23})$$

[1]$\lambda$água: condutividade térmica da água (W m °K 1) d: diâmetro do tubo interior (m).

> O fluxo de calor incidente recebido pelo absorvedor é dado por (III.24) :

$$Q_{ab} = \alpha_{ab} . \tau_v . Sab.G \qquad (\text{III.24})$$

$_a\alpha$ b: coeficiente de absorção do absorvedor.

$_v\tau$ coeficiente de transmissão do painel.

G: iluminância global incidente no plano inclinado do coletor de placa plana. (W/m2).

### III.2.3 Balanço térmico do coletor solar de placa plana em funcionamento transiente [16].

O balanço total, que dá o comportamento térmico do coletor, e fornece as temperaturas médias nacionais do absorvedor, do vidro e do fluido de transferência de calor, é dado por sistema de equações diferenciais não lineares:

**Vidro**

$$m_v c_v \frac{dT}{dt} = a_v.s_v.G + S_{ab}(h_{cabv} + h_{rabv})(T_{ab} - T_v) - h_{cvam}.s_v.(T_v - T_{am}) - h_{rvc}.s_v.(T_v - T_{ciel}) \qquad (\text{III.25})$$

**Absorvedor**

$$m_{ab}.c_{ab}.\frac{dT_{ab}}{dt} = \alpha_{ab}.\tau_v.s_{ab}.G - s_{ab}(h_{cabv} + h_{rabv})(T_{ab} - T_v) - (\varphi_1 + \varphi_2)(T_{ab} - T_i)$$
$$- h_{cabf}.s_{abf}(T_{ab} - T_f) \qquad \text{(III.26)}$$

**- Fluido de transferência de calor**

$$\text{(III.27)}$$
$$m_f.c_f.\frac{dT_f}{dt} = h_{cabf}.s_{abf}(T_{ab} - T_f)$$
$$= Q_u$$

$$\varphi_1 = \frac{1}{\left(\dfrac{L_{ab}}{s_{abi}.\lambda_i}\right) + \left(\dfrac{L_i}{s_{abi}.\lambda_{ab}}\right)} \qquad \varphi_2 = \frac{1}{\left(\dfrac{L_{ab}}{s_{abil}.\lambda_{il}}\right) + \left(\dfrac{L_{il}}{s_{abil}.\lambda_{ab}}\right)} \qquad \text{(III.28)}$$

Com :

mv, mab, mf: massas respectivas do vidro, do absorvente e do fluido.

Cv, Cab, Cf: calores de massa do painel de vidro, do absorvedor e do fluido de transferência de calor, respetivamente.

## III.3 Perda global de energia [16]

As perdas de calor são devidas à diferença de temperatura entre o absorvedor e o ambiente circundante. Ocorrem nos três modos de transferência de calor. Dividem-se em três categorias: perdas para a frente, perdas para trás e perdas laterais.

### III.3.1 Coeficiente de perda de calor para a frente do coletor

O coeficiente global de perda de calor para a frente do coletor é dado pela seguinte relação:

$$U_{av} = \frac{1}{\left(\dfrac{1}{h_{rvc} + h_{cvam}}\right) + \left(\dfrac{1}{h_{cabv} + h_{rabv}}\right)} \qquad \text{(III.29)}$$

### III.3.2 Coeficiente de perda de calor para a retaguarda do coletor

Este coeficiente não é tão elevado como anteriormente, uma vez que o sensor está muito bem isolado na parte de trás.

A expressão que avalia este coeficiente é dada por:

$$U_{arr} = \frac{K_{isol}}{E_{isol}} \qquad \text{(III.30)}$$

Kisol: coeficiente de condutividade térmica do isolamento (W/ °K m).

Eisol: espessura do isolamento (m).

### III.3.3 Coeficiente de perda de calor lateral

O valor deste coeficiente é inferior ao do coeficiente de perdas na retaguarda, dado que a superfície lateral do coletor não é muito grande.

$$U_{lat} = \left(\frac{K_{isol}}{E_{isol}}\right)\left(\frac{A_{lat}}{A_c}\right) \qquad \text{(III.31)}$$

Alat: superfície lateral do coletor (m2).

Ac: área de superfície do coletor (m2).

O coeficiente global de perda de calor exterior é a soma dos três coeficientes.

$$UL = Uav + Uarr + Ulat \qquad (III.32)$$

### III.4 Eficiência instantânea do coletor solar [16]

A análise efectuada neste domínio por Hottel, Willier, Wortz e Bliss conduz a uma única equação que dá o rendimento instantâneo do coletor, que é definido pela seguinte relação

Potência de saída = Potência captada - Perdas (III.33)

$\eta$ = Potência térmica útil por m2 do coletor / fluxo solar incidente na superfície do coletor

$$\eta = \frac{Qu}{Ac.G} = \frac{Ac[(\alpha\tau)eff.G - UL(Tab - Tam)]}{Ac.G} \qquad (III.34)$$

Qu: potência útil recuperada pelo fluido de transferência de calor (W).

$\alpha\tau$ : são, respetivamente, o coeficiente de absorção do absorvedor e a transparência do vidro. *

A eficiência instantânea do coletor em função do caudal mássico é dada por [17]:

$$\eta i = m . Cp . (Tfs - Tfe)/Ac . G \qquad (III.35)$$

Com,

m: caudal mássico do fluido de transferência de calor

Cp: calor específico da água.

*Tfs*: temperatura de saída do fluido.

*Tfe*: temperatura de entrada do fluido.

Ac: área de superfície do coletor solar.

G: fluxo solar global incidente.

### III .5.princípio da simulação:

$^{er2}$No nosso caso 1, assumimos que a superfície do coletor é A=2,75m, número de colectores N=1, caudal m=0,05kg/s, Cp(água))4.190kj/kg,Cp(ar)=1kj/kJ, para determinar a temperatura de saída (determinando a influência do tipo de coletor na temperatura de saída), e depois usando a mesma condição inicial, queremos fazer uma comparação em termos de otimização entre um coletor de placa plana e um coletor de tubo de vácuo, muitas vezes sob as mesmas condições, e extrapolar qual o coletor que tem o melhor rendimento instantâneo para uma instalação de aquecimento solar de água. Para obter os resultados pretendidos, é necessário utilizar um software de simulação energética chamado tyrnsys, que é um ambiente flexível para realizar simulações e optimizações através de diagramas claramente definidos. Atualmente, os códigos de simulação de arrefecimento solar utilizam geralmente modelos em estado estacionário para descrever o comportamento dos colectores de vácuo. Esta eficiência é geralmente apresentada na forma quadrática proposta pelas normas europeias (CEN, 2001) [18] :

em que :

$$\eta = \eta_0 - U_1 \frac{T_{mf} \; T_e}{G^*} - U_2 . \frac{(T_{mf} \; T_e)^2}{G^*}$$

= é a eficiência ótica do sensor, com aproximadamente 0,792 para um
para um coletor de placa plana e 0,762 para um coletor de tubo de vácuo. [19]

- *Tmf* = é a temperatura média do fluido de transferência de calor.
- *Te* = é a temperatura exterior perto do sensor
- $G^*$ = é a radiação solar global em Wh/m

- $_1$U e $U2$ = são os coeficientes de perda de calor por condução e por condução. $^2$convecção, em W/(m K) com valores predefinidos apresentados na tabela abaixo:

| Tipo de sensor | Ui | U2 |
|---|---|---|
| Sensor plano | 6.65 | 0.06 |
| Sensor de tubo de vácuo | 0.2125 | 0.0167 |

Tabela III.1 Coeficientes de perda de calor.

# IV **I.6 Estudo técnico e económico de um aquecedor solar de água:**

Calcularemos o preço total da instalação definindo o preço de cada elemento desta instalação (para 2 pessoas) da seguinte forma:

$^2$@ Coletor de placa plana com tubo de vácuo **de 2,57m** e **20 anos** de garantia, **preço=76137,00DA**.

@ Circulador de uma instalação solar (bomba) **preço=14262.00DA.**

@ Depósito de água quente sanitária **de 200l, preço=8500.00DA.**

Sistema de regulação (o que controla o acionamento da bomba) **preço=5412.00DA.**

@ **8m** do tubo, **preço=2800.00DA.**

@ *O PREÇO FINAL DA INSTALAÇÃO =107111,00DA.*

# CAPÍTULO 4

# *Simulação e interpretação Os resultados*

**V    V.1 Introdução:**

A simulação térmica dinâmica permite "dar vida virtualmente à situação" durante um longo período, a fim de estudar o comportamento previsto e obter resultados próximos da realidade. Para validar as soluções selecionadas, o software TRNSYS foi escolhido para a simulação devido às suas várias vantagens.

**VI   .2 Interface TYRNSYS:**

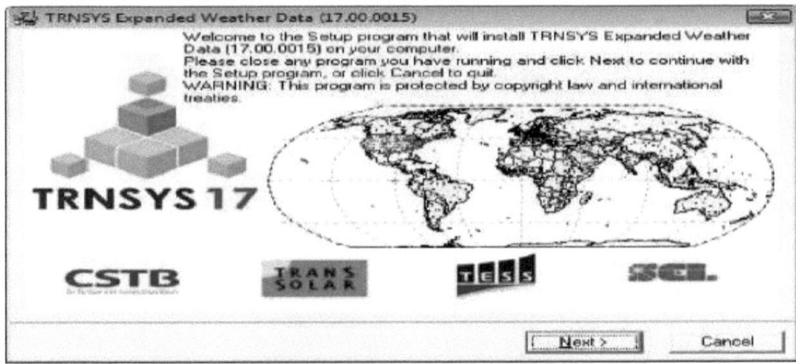


**Figura (IV.1): interface de instalação do software (TYRNSYS).**

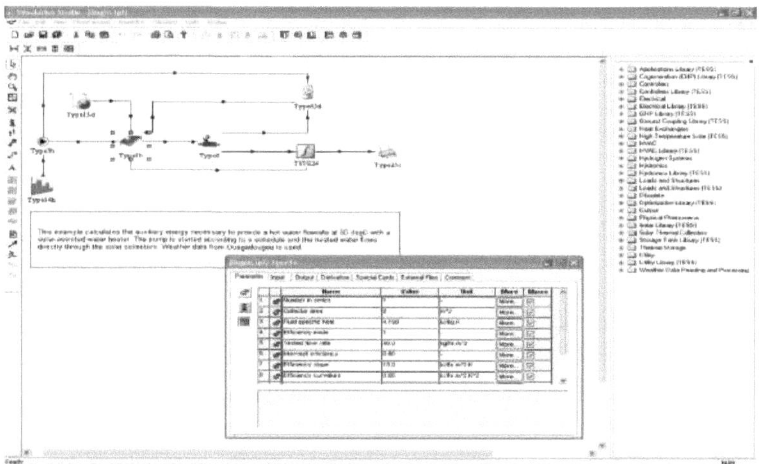

**Figura (IV.2): Interface do plano de trabalho (TYRNSYS).**

## IV.2 Apresentação do software TRNSYS:

**O TRNSYS** é um ambiente de simulação dinâmica que permite simular com precisão o comportamento de sistemas térmicos complexos. **O TRNSYS** está disponível desde 1975. Inspirou numerosos desenvolvimentos de outros softwares de simulação, que utilizam o seu solver genérico ou alguns dos seus modelos, ou ambos (Energy 10, Energy+, CA-SIS, HVACSIM+, etc.).

**O TRNSYS** baseia-se numa abordagem de diagrama de blocos. Esta abordagem modular permite a decomposição de problemas complexos em vários problemas menos complexos e a realização de trabalhos num ambiente "aberto", permitindo a adição de novos componentes e conceitos. Um projeto de simulação **TRNSYS** consiste, portanto, na escolha de um conjunto de modelos matemáticos de componentes físicos (com base em modelos existentes nas bibliotecas de modelos **TRNSYS** ou através da sua criação) e na descrição das interações entre estes modelos. O ambiente gráfico do IISiBat 3 apoia o utilizador nestas duas etapas com um editor de modelos e um editor de projectos. Cada ícone numa janela de projeto IISiBat representa um subprograma (tradicionalmente escrito em **FORTRAN**, embora a versão 17 **do TRNSYS** permita a utilização de qualquer linguagem de programação capaz de gerar uma DLL Windows - C, C++, etc.). Cada uma destas caixas negras tem um conjunto de variáveis de entrada e um conjunto de variáveis de saída. Ligar os ícones significa criar ligações entre estas variáveis. O utilizador pode acrescentar "caixas" e definir novos algoritmos para simular o comportamento de novos tipos de objectos que não existem na versão standard do TRNSYS. Isto é possível através da especificação direta de equações (sem utilizar uma linguagem de programação), da montagem de modelos existentes em "macro-modelos", da derivação de novos modelos a partir de modelos existentes por extensão ou da criação de modelos inteiramente novos, utilizando uma linguagem de programação como FORTRAN, C ou C++, ou mesmo aplicações externas como o solucionador de equações genéricas EES.

O TRNSYS 17 contém ainda um grande número de modelos standard (Utilidades, Armazenamento e Térmica, Equipamentos, Cargas e Estruturas, Permutadores de Calor, Hidráulica, Controladores, Componentes Eléctricos/Fotovoltaicos, Colectores Solares, etc.).

41

Basta interligá-los num editor de projectos para definir um projeto de simulação. O TRNSYS beneficia ainda de uma comunidade ativa de utilizadores, que desenvolvem modelos "freeware", acessíveis gratuitamente a todos os utilizadores.

Existem também várias bibliotecas de modelos TRNSYS como produtos comerciais adicionais, desenvolvidos por gabinetes de projeto especializados. Estão disponíveis vários modelos de edifícios. O modelo mais completo pode ser utilizado para simular instalações de aquecedores solares de água e o comportamento térmico de um edifício multi-zona em grande detalhe (temperatura ambiente, necessidades energéticas, humidade do ar para cada zona e superfície; ganhos por infiltração/ventilação, acoplamento convectivo com outras zonas; variação da energia sensível; necessidades de energia latente; entrada de energia solar através de janelas; conforto; etc.).

### IV.2.1. Vantagens do software TRNSYS :

O software TRNSYS oferece muitas vantagens:

De facto, a utilização do utilitário simulation studio facilita a simulação de uma instalação solar e permite alterar muito facilmente os diferentes parâmetros. Além disso, o TRNSYS é um software modular ao qual podem ser adicionados módulos escritos em Fortran, Matlab ou EES, o que permite melhorar o modelo através da inclusão de diferentes fenómenos termo-aerodinâmicos e de um modelo de simulação de sistemas de aquecimento, ar condicionado, ventilação e refrigeração. Finalmente, e em comparação com o CFD, o TRNSYS é mais rápido nas simulações. É certo que não se trata do mesmo conceito nem das mesmas equações a resolver, mas no nosso caso precisamos de encontrar as cargas térmicas de um recinto, o que o TRNSYS consegue determinar à primeira vista.

### IV.3 Ferramentas do ambiente TRNSYS :

Qualquer estudo ou aplicação da energia solar num determinado local requer um conhecimento completo e tão pormenorizado quanto possível da insolação do local. Se não existir uma estação de medição meteorológica que funcione regularmente há vários anos, serão utilizados métodos aproximados para prever as caraterísticas da radiação solar.

### IV.3.1 Météonorm :

O software METENORM fornece ao TRNSYS dados climáticos fiáveis para cada hora do dia e para um ano inteiro. Se não tiver uma estação meteorológica, o METENORM pode calcular as condições climáticas de um local por interpolação entre diferentes estações.

### IV.3.1 Dados:

Foi selecionado um ficheiro de dados da base de dados do nosso código digital. Os dados provêm de medições meteorológicas diárias efectuadas para obter um ficheiro anual com um intervalo de tempo de uma hora.

Este ficheiro diz respeito a um determinado local: contém as seguintes informações:

- ❖ O número do dia de cada mês em que o cálculo é efectuado.
- ❖ A etapa de cálculo.
- ❖ A latitude do meio.
- ❖ A orientação do coletor em relação ao sul.
- ❖ Fluxo solar.
- ❖ O coeficiente de albedo
- ❖ Coeficientes de transmissão e de absorção do vidro.
- ❖ A capacidade térmica do fluido de aquecimento
- ❖ Potência da bomba.

❖ O caudal do fluido de aquecimento através do coletor.

❖ O caudal de água.

❖ A temperatura em torno do armazenamento, a temperatura ambiente e a temperatura da rede eléctrica.

**IV.3 Diagrama de uma instalação de aquecedor solar de água:**

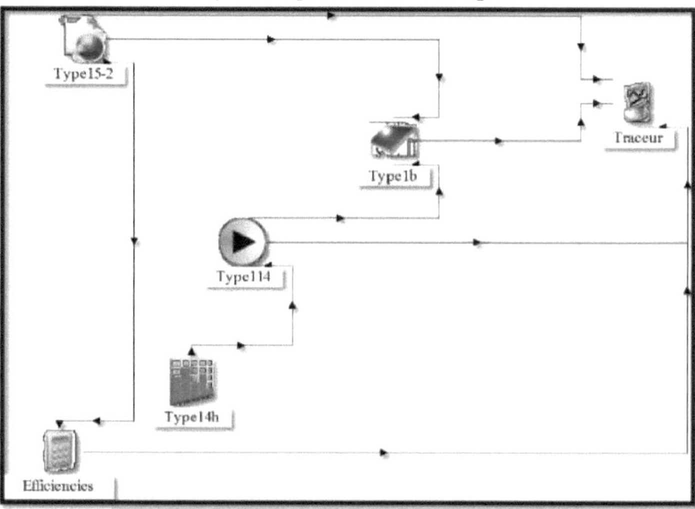


**Figura (IV.3): diagrama da instalação de um aquecedor solar de água de placa plana.**

**vitré(TYRNSYS)(adrar station).**

**IV.4 Os diferentes elementos da instalação:**

> Dados meteorológicos.

> Bomba.

> Coletor solar de placa plana e coletor de tubo de vácuo.

> Plotter (visualização dos resultados).

Uma fonte de água controla o funcionamento da bomba (período de

**IV.5 Comparação entre um coletor solar de placa plana e um coletor solar de tubo de vácuo.**

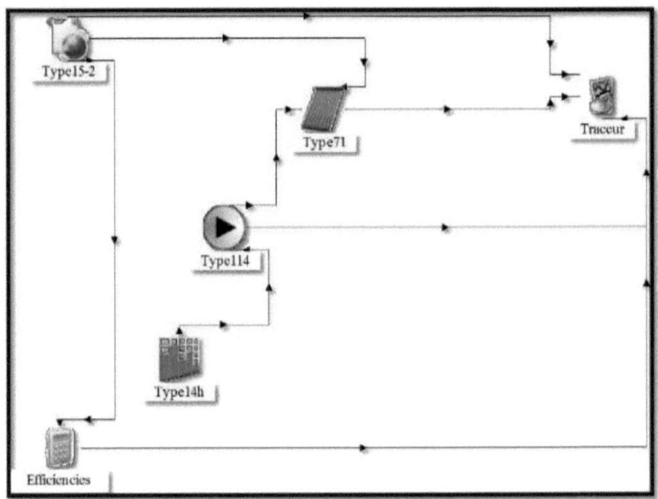

**Figura (IV.4): esquema da instalação de um aquecedor solar de água a vácuo (TYRNSYS) (estação adrar).**

- **Caso 1**: A única variável que é facilmente comparável entre as simulações e as medições é a temperatura do fluido à saída do coletor. Nesta secção, vamos estudar a variação da temperatura de saída do fluido de transferência de calor para os dois tipos de sensores. Em suma, queremos ver claramente qual o sensor que nos dá os melhores resultados em termos de temperatura de saída.

- **uma simulação durante um período dos primeiros 10 dias de fevereiro**

A **Figura (IV.4)** mostra a evolução da temperatura de saída ao longo do período (744h,984h). Pode observar-se que a temperatura começa a aumentar gradualmente durante o período de produção de água quente até aos 60°C.

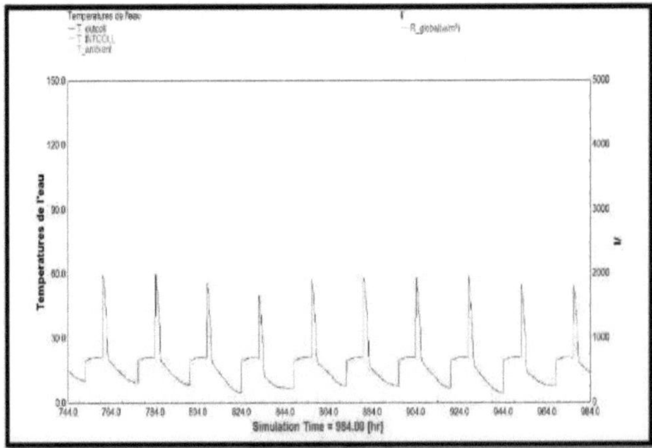

**A figura (IV.5) mostra** a evolução da temperatura de saída ao longo do tempo no caso de um coletor solar de placa plana envidraçada.

44

coletor solar de placa plana envidraçada.

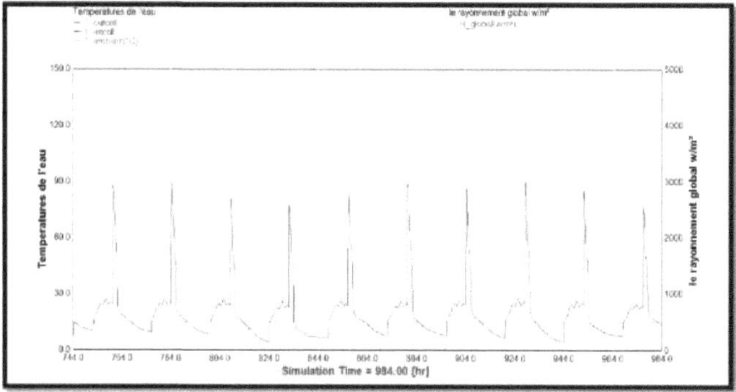

**A figura (IV.6) mostra** a evolução da temperatura de saída ao longo do tempo no caso de um coletor solar de tubo evacuado.

coletor solar de tubo evacuado.

>A Figura (IV,5) mostra que a temperatura máxima não ultrapassa os 60°C durante o funcionamento do coletor de placa plana envidraçada nas mesmas condições (estação, caudal, área de superfície, período). Por outro lado, a Figura (IV,6) mostra que o coletor de placa plana com tubo de evacuação apresenta valores de temperatura de saída elevados, atingindo 150°C, o que confirma o desempenho deste tipo de coletor para o aquecimento solar de água.

[eme]**Caso X 2:** vamos comparar entre estes dois sensores de dimensão de saída para colocar os resultados solicitados vamos expor as curvas que representam as deferentes temperaturas (entrada, saída, ambiente) em função do tempo nos dois sensores, e depois vamos representar as curvas de comparação no mesmo gráfico para notar claramente a melhor saída.

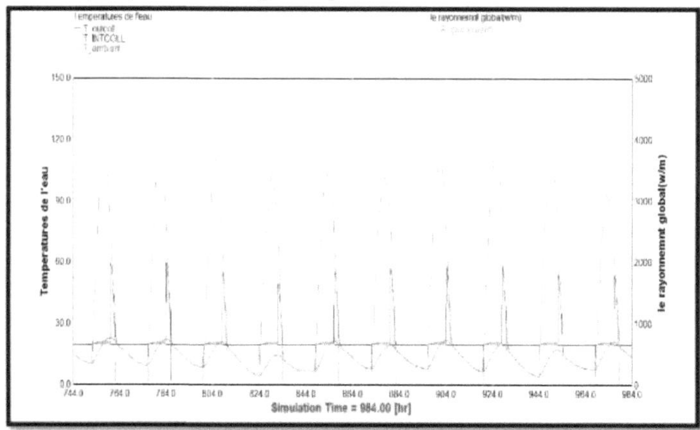

**A figura (IV.7) mostra** a evolução das temperaturas de entrada e de saída e da irradiação ambiente e

global ao longo do tempo no caso de um coletor solar de placa plana envidraçada.

**Figura (IV.7):** mostra os parâmetros que afectam o desempenho do coletor, com base na taxa de irradiação e na variação da temperatura, sem esquecer factores constantes como a área de

45

superfície, o caudal, etc.

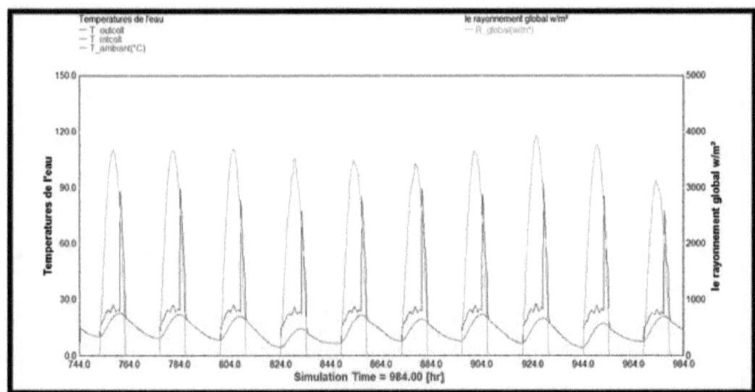

**A figura (IV.8) mostra** a evolução das temperaturas de entrada e de saída e da irradiação ambiente e global ao longo do tempo no caso de um coletor solar de placa plana com tubo de vácuo.

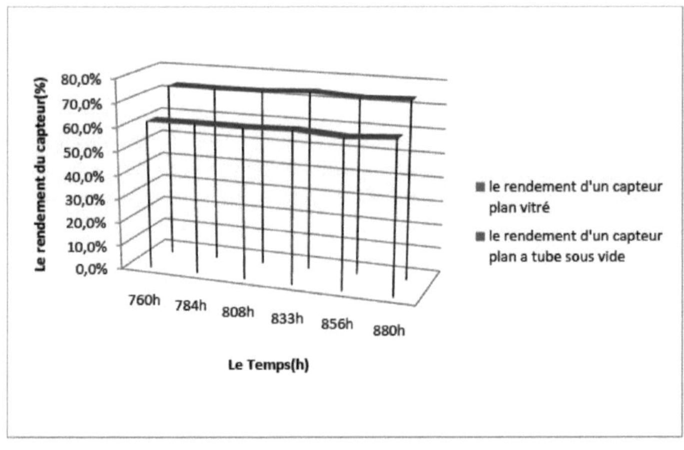

**A figura (IV.9) mostra** as duas curvas de eficiência para os sensores do tipo 1b e do tipo 71 em
função do tempo (h).

### IV.8 Análise e interpretação:

De um modo geral, constatamos que o rendimento de um coletor de vidro plano é baixo, mas sobretudo deteriora-se com o aumento da temperatura. Para melhorar o rendimento do coletor, é necessário reduzir o poder de reflexão das superfícies de vidro, utilizando um vidro seletivo, reduzir a convecção em torno do absorvedor, utilizando um coletor evacuado em caso de temperaturas elevadas, e reduzir a temperatura do fluido de transferência de calor, calculando corretamente a instalação, e depois Verificamos que o rendimento do coletor evacuado é muito melhor do que o do coletor plano e que o rendimento não diminui tão rapidamente com o aumento da temperatura. Os colectores tubulares têm superfícies de entrada muito pequenas mas muito protegidas (os absorvedores no interior dos tubos), que são muito bem isoladas pelos tubos evacuados, ao passo que os colectores planos têm uma grande superfície de entrada de absorvedores mas são isolados apenas pelo fundo e pelos lados.

### IV.9 A inclinação óptima para este tipo de sensor (sensor de tubo de vácuo).

**Assumimos que a orientação óptima é o azimute sul α=0°C, e vamos variar o ângulo de inclinação do coletor para obter a inclinação óptima.**

Nesta secção, procuraremos o ângulo de inclinação ótimo definitivo durante um ano para a produção de água quente durante os meses de fevereiro e junho, depois inverno e verão, com base nesta simulação de 3 ângulos (latitude, latitude-10°C, latitude+10°C em cada período).

**Para β=27,87°C.**

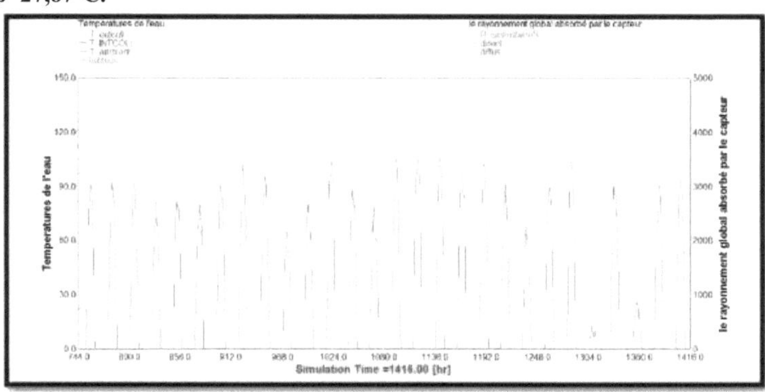

**Figura (IV.10):** Radiação global absorvida pelo sensor em função do tempo (mês de fevereiro).

**Para β=37,87°C.**

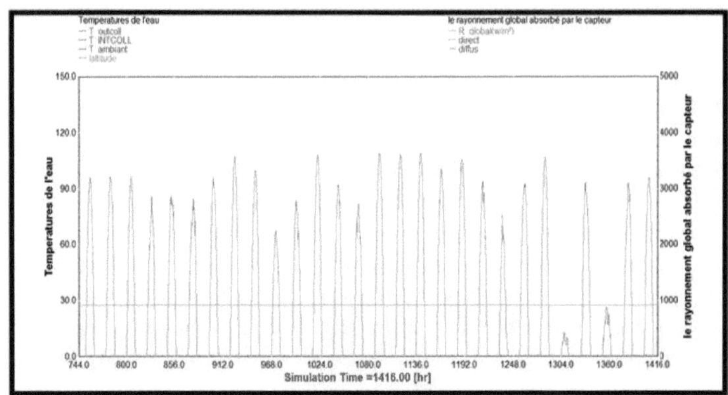

**Figura (IV.11):** Radiação global absorvida pelo sensor em função do tempo (mês de fevereiro).

Para β=17,87°C

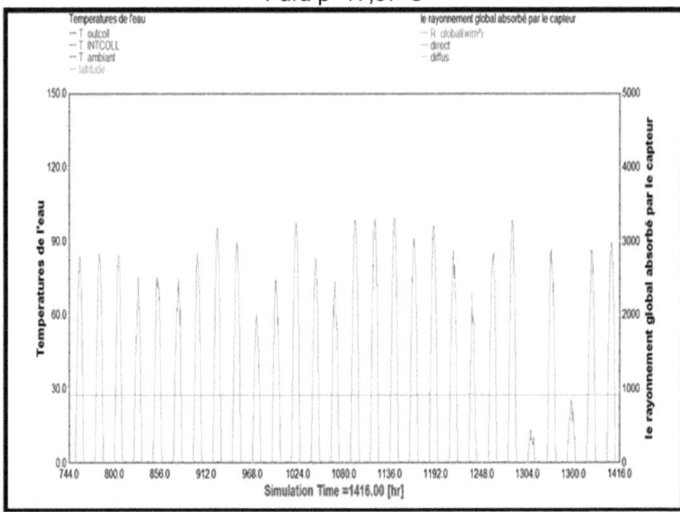

**Figura (IV.12):** Radiação global absorvida pelo sensor em função do tempo (mês de fevereiro).

@ **Para β=27,87°C.**

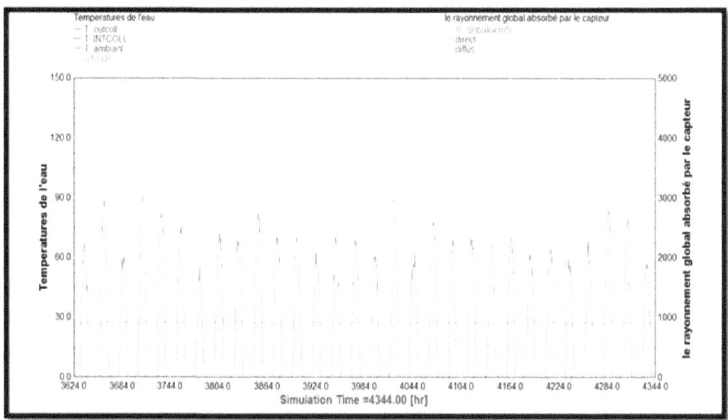

**Figura (IV.13):** Radiação global absorvida pelo sensor em função do tempo (mês de junho).

@ **Para β=37,87°C.**

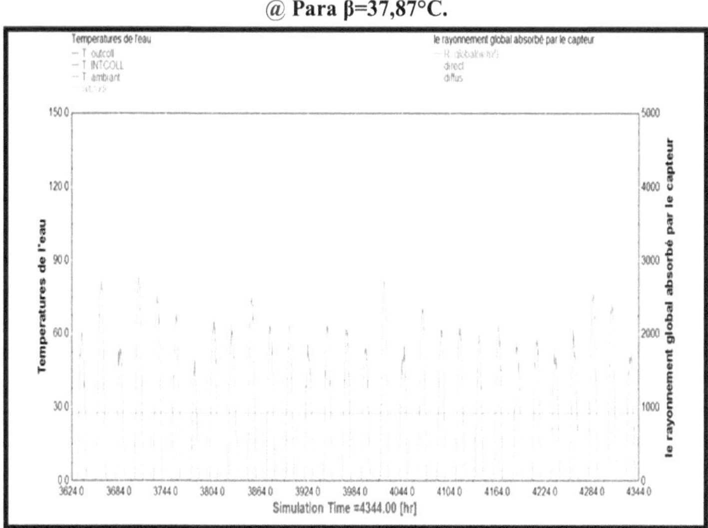

**Figura (IV.14):** Radiação global absorvida pelo sensor em função do tempo (mês de junho).

**Para β=17,87°C.**

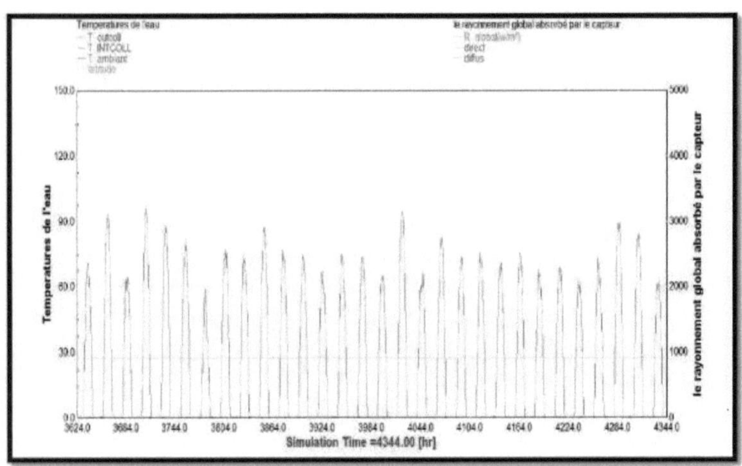

**Figura (IV.15):** Radiação global absorvida pelo sensor em função do tempo (mês de junho).

**Interpretação:**

O objetivo é **produzir mais calor no inverno** e menos calor no verão. Assim, procuramos uma inclinação óptima no inverno, o mais próximo possível de 37,87°C. *A melhor inclinação é 27,87°C (latitude local).* $^{2}$Esta inclinação não corresponde à quantidade máxima de sol, porque com 2,7 m, a produção é excedentária no verão e os painéis são limitados pelas necessidades, pelo que não produzem no seu máximo. Por conseguinte, é preferível aumentar a produção no inverno e reduzi-la ligeiramente no verão, para obter a produção máxima ao longo do ano.

**Conclusão geral:**

O objetivo deste modesto trabalho é otimizar o rendimento de um termoacumulador solar utilizando outro tipo de coletor solar, em vez de instalar um coletor de placa plana, substituí-lo-emos por um coletor de tubo de vácuo para aumentar o rendimento da instalação, e o ângulo ótimo durante o ano, porque o coletor solar térmico é um dispositivo e um elemento muito importante nas instalações solares e, finalmente, poderemos escrever os seguintes resultados:

**Eficiência superior**: 70% da radiação absorvida. A perda de calor é praticamente nula graças ao vácuo existente nos tubos. Os colectores de placa plana têm a mesma capacidade de absorção, mas as perdas são muito maiores.

**X A absorção solar não é afetada pelo ângulo de ataque do sol** porque os tubos são redondos. Os colectores evacuados são, portanto, eficazes de manhã à noite. Os colectores de placa plana são muito eficazes quando o sol está alinhado com o vidro, mas apenas durante algumas horas por dia.

**Pode ser instalado um refletor** para aumentar a superfície de absorção.

**A capacidade de produzir rapidamente temperaturas muito elevadas** (80°C ou mais), enquanto os colectores de placa plana estão limitados a 50-60°C (ver gráfico). Este facto tem várias implicações: Menor volume de armazenamento. Possibilidade de aquecer uma casa com radiadores convencionais que funcionam a altas temperaturas.

O desempenho dos colectores de vácuo não depende do **vento ou** da **temperatura exterior**.

X O ângulo ótimo durante o ano para um aquecedor solar de água é mais próximo ou igual à latitude do local, no caso de adrar é $\beta = 27,87°C$.

Referências

[1]  **J.M Chassériau,** Conversion thermique du rayonnement solaire ; Dunod, 1984.
**R. Bernard; G. Menguy; M. Schwartz,** Le rayonnement solaire conversion thermique et applications ; Technique et documentation Lavoisier, 2 ème édition 1980.

[2]  **S. Saadi,** Effect of operational parameters on the performance of a flat plate solar collector (Efeito dos parâmetros operacionais no desempenho de um coletor solar de placa plana),
Tese de mestrado em Física; UMC, 2010.

[3]  **M. Capderou,** Atlas solaire de l'Algérie, Tome 1, Vol. 1 e 2; OPU, 1987.

[4]  $^{nd}$**J.A Duffie e W.A Beckman**, Solar Energy Thermal Processes; 2 edição, Wiley Inter science, Nova Iorque, 1974.

[5]  **P. Rivet**, Le Rayonnement solaire; CNRS.

[6]  **A. Mefti; M.Y Bouroubi; H. Mimouni**, Evaluation du potentiel énergétique solaire, Bulletin des Energies Renouvelables, N° 2, P12, dezembro de 2002.

[7]  http://www.inessolaire.com

[8]  J, Bernard. Cálculo e otimização da energia solar, Ellipse Edition Marketing (2004).

[9]  A, Sfeir ; G, Guarracino. Engenharia de sistemas solares, Technique et Documentation, Paris (1981).

[10]A, Mefti, M, Y, bouroubi; H, Mimouni. Evaluation du potentiel énergétique solaire, Bulletin des Energies Renouvelables, N°2, p 12, décembre. (2002).

[11]F.bouhired .desenvolvimento de aquecedores solares de água na Argélia.(2002)

[12]: internet : www.tecsol.frSami, S, Lafri, D e Hamid, A., "Etude du comportement
thermique d'une installation de chauffage d'eau collective", Revue des Energies. Renouvelables, Numéro spécial- Energies Renouvelables- Valorisation- pp 255-260 Tlemcen,(1999).

[13]Sami, S., "Etude et réalisation d'une installation de chauffage d'eau sanitaire d'une capacité de 1500 litres", Rapport interne -CDER- Décembre (2000).

[14]http://www.cder.dz/bulletin.

[15]Sr. S.BEKKOUCHE. Modelação do comportamento térmico de alguns dispositivos solares. Opção "Eletrónica e Modelização". Tese de doutoramento, Universidade Abou-bakr-Belkaid - Tlemcen (*2008*).

[16]: Y. JANNOT "*Thermique solaire*" outubro de 2003.

[17]S.V. Joshi, R.S. Bokil, J.K. Nayak, "*Test standards for thermosyphon-type solar domestic hot, water system: review and experimental evaluation*" , Solar Energy 78 (2005) 781-798

# I want morebooks!

Buy your books fast and straightforward online - at one of world's fastest growing online book stores! Environmentally sound due to Print-on-Demand technologies.

Buy your books online at
**www.morebooks.shop**

Compre os seus livros mais rápido e diretamente na internet, em uma das livrarias on-line com o maior crescimento no mundo! Produção que protege o meio ambiente através das tecnologias de impressão sob demanda.

Compre os seus livros on-line em
**www.morebooks.shop**

info@omniscriptum.com
www.omniscriptum.com

Printed by Books on Demand GmbH, Norderstedt / Germany